Dreamwafer: un plot reconfigurable en technologie CMOS

Nicolas Laflamme-Mayer

Dreamwafer: un plot reconfigurable en technologie CMOS

DreamWafer

Presses Académiques Francophones

Impressum / Mentions légales

Bibliografische Information der Deutschen Nationalbibliothek: Die Deutsche Nationalbibliothek verzeichnet diese Publikation in der Deutschen Nationalbibliografie; detaillierte bibliografische Daten sind im Internet über http://dnb.d-nb.de abrufbar.

Alle in diesem Buch genannten Marken und Produktnamen unterliegen warenzeichen-, marken- oder patentrechtlichem Schutz bzw. sind Warenzeichen oder eingetragene Warenzeichen der jeweiligen Inhaber. Die Wiedergabe von Marken, Produktnamen, Gebrauchsnamen, Handelsnamen, Warenbezeichnungen u.s.w. in diesem Werk berechtigt auch ohne besondere Kennzeichnung nicht zu der Annahme, dass solche Namen im Sinne der Warenzeichen- und Markenschutzgesetzgebung als frei zu betrachten wären und daher von jedermann benutzt werden dürften.

Information bibliographique publiée par la Deutsche Nationalbibliothek: La Deutsche Nationalbibliothek inscrit cette publication à la Deutsche Nationalbibliografie; des données bibliographiques détaillées sont disponibles sur internet à l'adresse http://dnb.d-nb.de.

Toutes marques et noms de produits mentionnés dans ce livre demeurent sous la protection des marques, des marques déposées et des brevets, et sont des marques ou des marques déposées de leurs détenteurs respectifs. L'utilisation des marques, noms de produits, noms communs, noms commerciaux, descriptions de produits, etc, même sans qu'ils soient mentionnés de façon particulière dans ce livre ne signifie en aucune façon que ces noms peuvent être utilisés sans restriction à l'égard de la législation pour la protection des marques et des marques déposées et pourraient donc être utilisés par quiconque.

Coverbild / Photo de couverture: www.ingimage.com

Verlag / Editeur:
Presses Académiques Francophones
ist ein Imprint der / est une marque déposée de
AV Akademikerverlag GmbH & Co. KG
Heinrich-Böcking-Str. 6-8, 66121 Saarbrücken, Deutschland / Allemagne
Email: info@presses-academiques.com

Herstellung: siehe letzte Seite /
Impression: voir la dernière page
ISBN: 978-3-8381-7448-8

REMERCIEMENTS

En premier lieu, j'aimerais remercier sincèrement mon directeur de recherche M. Mohamad Sawan ainsi que mon co-directeur de recherche M. Yves Blaquière pour m'avoir soutenu et aidé tout au long de ma maîtrise et également m'avoir permis de travailler sur un projet des plus stimulant et intéressant en collaboration avec Gestion Technocap division Dreamwafer. Mes remerciements suivants s'adresse ensuite à M. Yves Audet et M. Frédéric Nabki pour avoir accepté de faire partie du jury d'examen de mon mémoire.

Plusieurs personnes m'ont également épaulés et fournit une aide inestimable tout au long de ma maîtrise. Je pense particulièrement à Walder André, Olivier Valorge, Étienne Lepercq, Yan Basile-Bellavance, prof. Yvon Savaria, Louis-François Tanguay, Benoit Gosselin et Laurent Mouden. Je remercie également les techniciens et secrétaires du département de génie électrique pour leur aide et efficacité constante en particulier Nathalie Lévesque.

Je remercie tous mes amis de Polystim et du GR2M ou autre, plus particulièrement Sébastien E., Gilbert K., Marc-André D., Sébastien G., Jean-Sébastien T., Guillaume S., Sébastien G., Étienne L., Anthony G., Philippe L., Jonathan D., Félix C. pour avoir rendu mon expérience de maîtrise des plus agréable.

Je tiens à remercier particulièrement ma famille en débutant avec mes parents, Suzanne et Alain ainsi que mon frère et ma sœur, Martin et Karine pour leurs encouragements et leur support inconditionnel qu'ils ont su me démontrer tout au long de mes longues études.

Je remercie CMC Microsystems pour les outils de conception, ainsi que le CRSNG, PROMPT, MITACS ainsi que gestion Technocap pour leur support financier.

RÉSUMÉ

De nos jours, les systèmes électroniques sont d'une complexité croissante où de nombreuses contraintes, autant techniques qu'économiques sont en jeux. La demande pour des circuits de puissance et de taille réduite, tout en conservant ou en améliorant les performances, est retentissante et ce tout en respectant des échéanciers cruciaux de mise en marché. De nombreux efforts ont déjà été déployés afin de réduire le temps ainsi que les coûts de conception, de prototypage et de déverminage de systèmes électroniques complexes, mais aucune solution proposée jusqu'à ce jour n'a su s'imposer pour traiter efficacement tous ces problèmes.

Le travail de ce mémoire a pour objectif la mise en œuvre d'un circuit intégré destiné à servir de plot configurable pour une plateforme de prototypage rapide de systèmes électroniques. Cette plateforme se veut un outil pour concevoir des systèmes électroniques complexes, pour ensuite les tester et les déverminer, le tout dans un temps raccourci. Où plusieurs mois étaient requis, quelques jours sont maintenant suffisants.

Le plot proposé sera photo-répété sur toute la surface d'une tranche de silicium au nombre de 1.3M et peut être configuré en source de tension régulée pour des valeurs typiques de 1.0, 1.5, 1.8, 2.0, 2.5 et 3.3 V, constituant ainsi un réseau de distribution de puissance très dense. Afin de propager un signal numérique provenant d'un réseau d'interconnexions de la plateforme de prototypage, ce même plot, à entrée et sortie unique, peut également être programmé en sortie numérique pour les mêmes niveaux de tension énumérés précédemment, ou bien en entrée numérique pour n'importe quelle valeur de 1.0 à 3.3 V. Finalement, ce même point d'accès doit également pouvoir se comporter en masse ou en haute impédance et posséder un système de détection de contact entre plots voisins.

La première contribution de ce présent mémoire se retrouve dans l'intégration de plusieurs fonctions telles qu'un régulateur de tension, une sortie numérique, le tout configurable sur plusieurs niveaux de tension, en une sortie unique. La seconde contribution porte sur la réduction de la surface utilisée ainsi que du courant statique, de plusieurs ordres de grandeur en comparaison avec la littérature. Une dernière contribution se veut une amélioration des performances du régulateur linéaire hiérarchique pour toutes les tensions configurables visées en parlant du courant statique, la surface occupée ainsi que le temps de réponse.

Un circuit de test a été fabriqué en technologie CMOS 180 nm de la compagnie Tower Jazz situé en Israël et a été testé en laboratoire. La fonction régulateur de tension offre des niveaux de 1.0, 1.5, 1.8, 2.0, 2.5 et 3.3 V pour un courant maximal supérieur à 110 mA pour chacune des tensions programmées. L'impédance dynamique en régulation active est d'environ 1 Ω ce qui produit des incursions de tension inférieures à 10 % de la tension nominale pour une charge de 100 mA et ce sans aucune capacité de découplage. La fonction entrée-sortie a permis d'être validée pour des fréquences jusqu'à 10 MHz à l'aide d'un circuit imprimé non-optimisé pour des fréquences supérieures. La détection de contact a également été testée avec succès. Le tout occupe occupant une surface de silicium de 0.00847 mm^2 pour le plot et une consommation de courant statique de 5.85 µA.

ABSTRACT

Nowadays, electronic systems integrate increasingly complex technical and economical constraints. The demand for less power hungry and smaller circuits, while offering improved performances, is crucial as much as time to market. There have been previous efforts to overcome the design, prototyping and debugging costs of high-end electronics systems, but none has succeeded in all the areas needed to revolutionize system design, prototyping and debugging.

Our main objective, in this master thesis, is the implementation of integrated circuits dedicated to a platform for rapid prototyping of digital systems. The main purpose of this platform is to offer systems designers a tool to help designing, testing and debugging complex electronic systems in a shorter time frame. Where months where previously needed, days are now required.

A programmable pad is presented, pad that will be photo-repeated by a number of up to 1.3 M times and can be configured in different output configurations. The first one is a power distribution network consisting of a very dense array of voltage regulators able to supply standard levels of 1.0, 1.5, 1.8, 2.0, 2.5 and 3.3 V. The propagation of digital signals from an interconnection network must be asserted by the same output of the proposed pad. It can be programmed as a digital output of the same standard voltage levels or as an input that complies with any signal varying from 1.0 to 3.3 V. Finally, the same access point can also be configured as a ground or floating node and possesses a contact detection circuitry to detect any short-circuits with its neighbour.

The first contribution of this master's thesis consists of integrating multiple functions such as programmable voltage regulation and digital input/output into a common output. The second major contribution is the reduction of the needed silicon area and quiescent current by many orders of magnitude while offering better or equal performances regarding the hierarchical voltage regulator.

A testchip has been fabricated in 180 nm CMOS from the Tower Jazz foundry located in Israel, and tested in our lab. The embedded regulators were programmed and the targeted voltage of 1.0, 1.5, 1.8, 2.0, 2.5 and 3.0 V were obtained with a maximum DC current as high as 110 mA. The obtained dynamic impedance is around 1 Ω resulting in a voltage variation of less than 10 % for a 100 mA load using no decoupling capacitance. The input-output function was validated at 10 MHz with a test bench designed for low-frequencies. The contact detection was also successfully validated. The area of silicon used is 0.00847 mm^2 with a quiescent current around 5.85 μA.

vi

TABLE DES MATIÈRES

LISTE DES FIGURES

LISTE DES TABLEAUX

LISTE DES ANNEXES

LISTES DES ANNOTATIONS EST SYMBOLES

CAO	Conception Assistée par Ordinateur
CI	Circuit intégré
TSV	Through Silicon Via
NP	NanoPad
CU	Cellule-Unitaire
SR	Switching Regulator
LDO	Low Dropout Regulator
PSR	Power Supply Rejection
PTAT	Proportional To Absolute Temperature
CTAT	Complementary To Absolute Temperature
CNA	Convertisseur Numérique à Analogique

INTRODUCTION

La microélectronique et le développement de systèmes électroniques sont des domaines où le flot de conception peut nécessiter plusieurs mois voir même des années/personnes de travail afin d'élaborer le design, l'implémenter, le déverminer pour finalement entrer en production. Plusieurs percées et améliorations ont été accomplies en parlant des outils de conception assistée par ordinateur ainsi que du matériel reprogrammable, en parlant des FPGAs et microcontrôleurs. Cependant, le flot de conception demeure toujours très long car de nombreux chemins critiques n'ont sus être optimisés. Tel que la fabrication de circuits-imprimés multicouches très complexes et coûteux, le déverminage et la compatibilité entre diverses composantes.

Une plateforme de prototypage rapide de systèmes électroniques a récemment fait son apparition. Il s'agit d'un circuit actif intégré à l'échelle même de la tranche de silicium, appelé WaferIC^{TM}, pouvant être reconfiguré à souhait afin d'inter-relier tous types de circuits numériques qui seraient déposés sur la surface utile. Cette surface est constituée d'une matrice de plots configurables conducteurs, appelé NanoPad^{TM}, se dénombrant par millions afin de garantir une densité d'interconnexion élevée. Un regroupement de 32×32 cellules, disposé en sous-matrices de 4×4 NanoPads, est disposé symétriquement afin de former un réticule image. Ce dernier est ensuite photo-répété pour couvrir une tranche de silicium d'un diamètre de 200 mm formant ainsi le WaferIC. L'interconnexion entre réticules voisins est assurée par une soudure inter-réticulaire (*inter-reticule stitching*). Une fois assemblé, le WaferIC permet de relier n'importe quel NanoPads entre eux à l'aide d'un réseau de connexions programmables et tolérant aux fautes, appelé WaferNet^{TM}. Ce réseau propage les signaux numériques que deux ou plusieurs microbilles de circuits numériques, en contact avec la surface active tu WaferIC, doivent s'échanger pour constituer un système électronique.

Le contact d'une microbille s'effectue par un film conducteur anisotropique de type *z-Axis* et le NanoPad qui est également un conducteur. Ce film permet un bon contact mécanique et électrique, tout en protégeant la surface du WaferIC. Chaque plot configurable doit pouvoir s'adapter au type de microbille avec lequel il est en contact. Il peut donc être programmé pour être flottant, une entrée-sortie (E/S) numérique, une source de tension régulée ou une masse. Lorsqu'utilisé en mode régulation ou entrée/sortie la circuiterie interne du NanoPad doit être en mesure de fournir une tension stable et propre à la dite microbille, à un des niveaux de tension standards : 1.0, 1.5, 1.8, 2.0, 2.5 ou 3.3 V. D'autres considérations au niveau de la consommation de courant ainsi que la surface de silicium occupée doivent également être prises en compte. Le très grand nombre de NanoPads suppose une circuiterie ayant une consommation de courant statique réduite, le tout contenu dans une surface de silicium de 77×117 µm.

Le travail présenté dans ce mémoire est de concevoir ce plot pouvant être configuré pour tous les modes de fonctionnements décrits précédemment. Dans un premier temps au niveau modèle, puis schématique pour finalement concevoir le jeu de dessins de masques pour la fabrication, dans une technologie CMOS de 180 nm de la fonderie Tower Jazz. L'outil de conception assistée par ordinateur (CAO) Cadence a été la plateforme de conception utilisée.

Ce mémoire est constitué de quatre chapitres. Le premier chapitre débute par une description du fonctionnement du WaferBoard^{TM}, du WaferIC^{TM} et d'un NanoPad^{TM}. Un approfondissement est ensuite fait sur la distribution de la puissance afin de bien saisir toutes les étapes de l'alimentation générale vers la puissance transférée aux circuits intégrés déposés sur la surface de WaferIC^{TM}. Finalement, une description des contraintes et requis est effectuée afin de bien comprendre les choix d'architectures faits ainsi que l'emphase qui est apportée à la miniaturisation des circuits et de la consommation de courant.

Le second chapitre est une revue des connaissances disponibles sur les différents régulateurs de tension configurables intégrés et des différentes avenues envisageables quant à la structure du système en question. L'emphase est mise sur les régulateurs linéaires ainsi que sur diverses possibilités pour la génération de tensions de références.

La solution et les circuits retenus sont décrits au chapitre 3 sous forme d'article ayant pour titre « *A Configurable Input-Output Power Pad for Wafer-Scale Microelectronic Systems* » soumis à la revue scientifique « IEEE Transactions on Circuits and Systems I ». Cet article présenté en version intégrale regroupe les détails techniques, les expérimentations et les résultats obtenus pour le plot configurable.

Une discussion générale faisant état des résultats obtenus en lien avec les divers chapitres de ce mémoire s'en suit. Des explications supplémentaires sont également ajoutées afin de décrire l'erreur qui s'est glissée lors de la conception des dessins des masques et la technique utilisée pour corriger ce problème afin de rendre la puce fabriquée fonctionnelle.

Pour terminer, la conclusion résume l'ensemble du travail effectué dans ce mémoire et fait un survol des résultats notables. Des recommandations et améliorations possibles sont également suggérées concernant des versions futures pour la suite du projet.

CHAPITRE 1   REVUE DES CONNAISSANCES DISPONIBLES

Le WaferIC est un circuit intégré à l'échelle de la tranche. Afin de bien saisir les requis et contraintes d'un tel système il est tout d'abord nécessaire de bien comprendre et cerner en quoi consiste le WaferIC et qu'elle en est la structure. Les particularités et la disposition de ce dernier aiguilleront les différents choix d'architectures et de circuits afin de rencontrer les objectifs souhaités.

1.1 Le WaferBoard™ et le WaferIC™

Le WaferIC est au cœur du WaferBoard qui se veut une plateforme reprogrammable de développement pour des systèmes électroniques complexes pour ainsi accélérer leur temps de développement. Un usager dépose les diverses composantes constituant le système électronique à concevoir sur la surface utile de la tranche de silicium. Un mécanisme de fermeture et de maintient en place, combiné à un système de configuration par ordinateur permet alors de mettre en route le système, de lui fournir la puissance nécessaire pour son fonctionnement, de relier les diverses puces numériques entre elles et permettre le diagnostique rapide et facile de tous les liens, permettant ainsi un déverminage efficace et rapide. La Figure 1.1 illustre le fonctionnement général de cette plateforme.

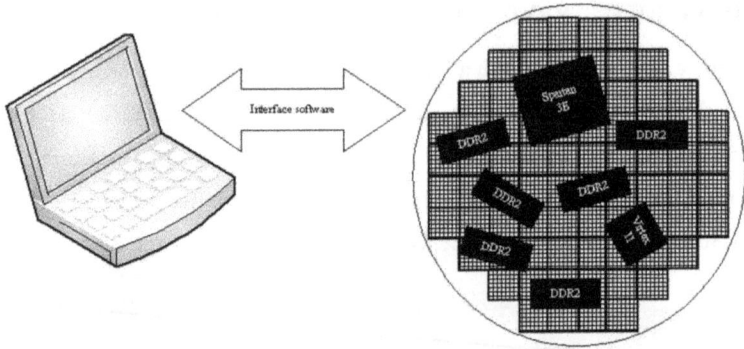

Figure 1.1   Fonctionnement générale du WaferIC

Le WaferIC est au cœur du WaferBoard et consiste en une mer de plots configurables intégrés à l'échelle de la tranche de silicium. Chaque plot, appelé NanoPad^{TM}, peut être configuré de manière à agir comme un plot d'E/S numérique, comme source de tension régulée, comme masse ou agir comme un plot flottant (haute impédance). Les NanoPads sont regroupés en Cellule-Unitaire, d'une taille de 560 µm×560 µm, sous la forme d'une sous-matrice 4×4. Un regroupement de 1024 Cellules-Unitaires, également disposées sous forme d'une matrice carrée de 32×32, forme une image de réticule. Cette image est ensuite photo-répété 76 fois sur toute la surface utile d'une tranche de silicium d'un diamètre de 200 mm. La Figure 1.2 illustre la structure hiérarchique et la disposition des regroupements de NanoPads.

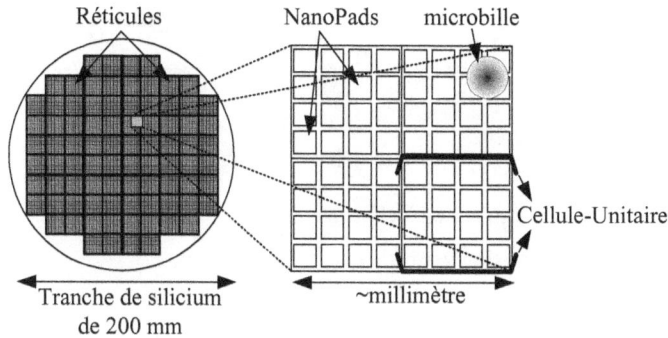

Figure 1.2 Structure hiérarchique et disposition des NanoPads^{TM} sur le WaferIC^{TM}

On dénombre 76 images de réticule sur une tranche de silicium, ce qui porte le nombre de plots configurables à 1 245 184 unités. Chacun d'entre eux peut être interconnecté pour échanger des données numériques via un réseau appelé WaferNet^{TM} [1]. Ce réseau d'interconnexions échange non seulement des signaux à l'intérieur même d'une Cellule-Unitaire mais peut également partager de l'information entre Cellules-Unitaires distantes grâce à un maillage régulier de connexions de longueur 1, 2, 4, 8, 16 et 32 pouvant se propager dans 4 directions soit nord, sud, est et ouest (N, S, E, O) et dans les deux sens. Un lien de longueur L=16 signifie que la distance entre les deux unités visées est de 16 Cellules-Unitaires (Norman, et al., 2008). La Figure 1.3 illustre les liens possibles sur l'horizontale dans un seul sens.

---

[1] 1-Les termes WaferIC, WaferBoard, NanoPad et WaferNet seront désormais utilisé pour plus de clarté

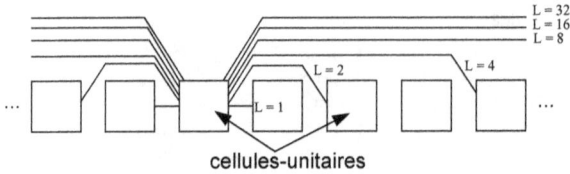

Figure 1.3   Connectivité du WaferNetTM dans la direction horizontale. La même structure existe dans la direction verticale et dans l'autre sens.

La surface du WaferIC doit être libre de toutes structures mécaniques ou électriques afin d'assurer un bon contact entre une microbille d'un circuit intégré et le film conducteur anisotropique de type *z-Axis*. Une structure stratifiée pouvant fournir du courant provenant à la base d'un circuit imprimé (CI) (échelle du mm) vers la structure active de silicium (échelle du µm) à partir du dessous du WaferIC est utilisée. Le cœur logique (WaferNet, JTAG, etc.) est alimenté avec une tension de 1.8 V pour un maximum de 5 A (fournie à 4 image de réticule). Le restant de la circuiterie analogique et la distribution de puissance sont connectées sur une tension d'alimentation de 3.3 V pour un même nombre de réticules images ayant une puissance 5 fois plus grande (20 A).

1.2 Distribution de puissance en arbre

Le WaferIC utilise une distribution de puissance en arbre où une source d'alimentation unique est la racine et les régulateurs intégrés aux NanoPads agissent comme les feuilles (0). L'alimentation principale est un convertisseur AC/DC qui fournit la puissance totale à une tension de +12 V à l'aide d'un circuit imprimé (CI) sur lesquels sont déposés 19 *PowerBlocks*. Ces *PowerBlocks* à leur tour accomplissent une conversion descendante vers +1.8 et +3.3 V pour des courants respectifs de 5 et 20 A et se connectent sous la surface du WaferIC. Ce courant est ensuite distribué à 4 images de réticules contenant chacun 16 384 NanoPads et 1024 Cellules-Unitaires à l'aide d'une grille très dense de vias traversant le silicium (*Through Silicon Via* (*TSV*)) comme l'indique la Figure 1.5 (a). De là, une grille d'alimentation stratifiée classique de circuit actif est utilisée pour alimenter les Cellules-Unitaires et les NanoPads.

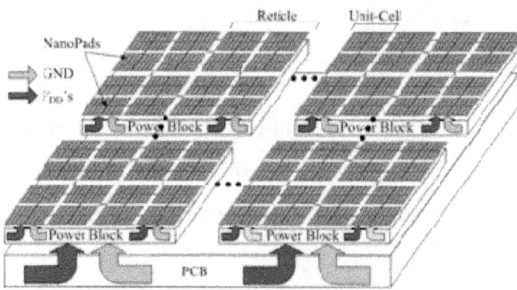

Figure 1.4   Distribution en arbre de la puissance fournit au WaferIC.

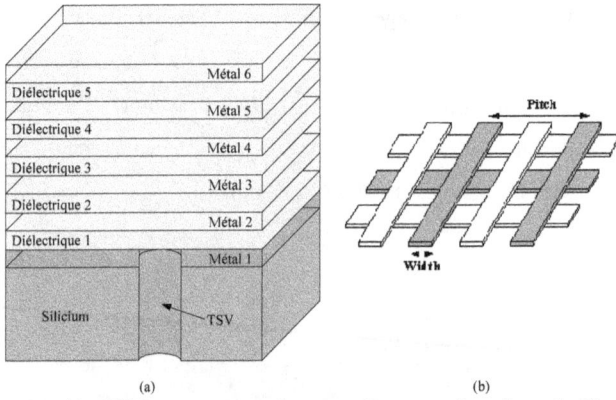

(a)   (b)

Figure 1.5 (a) TSV connectant la première couche de métallisation dans un processus à 6 couches de métallisations. (b) Grille d'alimentation intégrée classique à entrecroisements perpendiculaires des lignes de métal.

Une telle structure de distribution de puissance entraîne obligatoirement des chutes de tension DC dues aux résistances parasites présentes dans les TSV et la grille de puissance intégrée. Puisque tous les circuits choisis et implémentés sont tolérants aux variations DC de la source d'alimentation, une chute de tension sur la grille d'alimentation du 3.3 V équivalente à 150 mV est acceptable car elle laisserait une marge de manœuvre suffisante pour un bon fonctionnement de tous les dits circuits connectés à cette grille. On considère que le circuit-imprimé initial est parfait et n'offre aucune chute de tension DC, puisque l'épaisseur des traces de métaux est beaucoup plus grande que celle de la grille intégrée au silicium. Il a été mesuré par (Diop & al., 2010) que la résistance d'un TSV est d'environ ~11 mΩ. Le choix de la densité de TSV (TSVs/mm^2) nécessaire pour respecter les critères mentionnés précédemment a été effectué par le chercheur Olivier Valorge en tenant compte qu'une microbille, d'un processeur opérant à plein régime, serait en contact avec 4

NanoPads, chacun lui fournissant 100 mA. Le choix de la densité de métal de la grille d'alimentation intégrée (largeur métal/distance entre lignes) entrent également en jeu. Cependant, les contraintes du WaferIC ne permettent pas une grande flexibilité par rapport à ce critère (Norman, et al., 2008). Cette densité de métal est donc fixée à 6/30 (6 µm de largeur de ligne / 30 µm de distance entre deux lignes). L'outil de simulation COMSOL Multiphysic a été utilisé afin de déterminer le meilleur ratio pour la densité de TSV.(Kan, 2008). Le Tableau 1.1 résume les divers résultats pour différentes densité de TSV. Le ratio choisi est une densité de 0.25 TSV/mm2 combinée à une grille métallique intégrée de 6/30. Le choix de la densité doit également tenir compte de la résistance mécanique d'une tranche de silicium, plus on augmente la densité de trous plus la tranche devient fragile, voir non manipulable. La chute de tension DC obtenue avec les paramètres choisis est de 90 mV ce qui est près de la moitié de la chute maximale tolérable discuté précédemment.

Tableau 1.1 Résistance équivalente de la grille d'alimentation pour différente valeur de densité de TSV.

	Densité TSV	Densité Métal	Résistance Équivalente
Simulation 1	0.5/mm2	6/30	220 mΩ
Simulation 2	0.25/mm2	6/30	257 mΩ
Simulation 3	1/mm2	6/30	126.7 mΩ

Tel que mentionné précédemment, chaque résistance parasite introduite par les différentes couches de métallisation, ou bien les TSVs utilisés pour fournir la puissance nécessaire au différents modules du NanoPad, entraîne des chutes de potentiel proportionnelles au courant demandé. Une charge active, tel qu'un processeur, consommant un courant élevé de l'ordre de la centaine de milliampères, introduirait donc des chutes de potentiel importantes. Un régulateur de tension placé très près de la charge permet de compenser en grande partie ces pertes puisque ces derniers sont moins sensibles aux variations DC et fréquentielles de la grille d'alimentation, du substrat et de la charge. Plusieurs paramètres peuvent être optimisés pour un régulateur donné comme l'impédance de sortie, le courant statique, la surface de silicium utilisée, la capacité de découplage et la réponse fréquentielle. En gardant en tête les requis pour le WaferIC, la taille ainsi que le courant statique sont, dans le cadre de ce mémoire, les points les plus importants à optimiser.

Il est important de préciser qu'aucune capacité de découplage ne peut être placée sur la surface active du WaferIC pour aider la régulation puisqu'outre le réseau de distribution d'alimentation, seul des liens numériques sont disponibles entre les NanoPads. De plus, il serait impossible de positionner une capacité de découplage sur le même NanoPad que le plot à réguler. L'intégration de capacités de découplage à même le silicium est également une avenue à écarter puisque l'espace requis pour de telles capacitances n'est pas disponible. Advenant un circuit intégré dépassant les caractéristiques de puissances des NanoPads, une solution consiste à déposer ce dit circuit sur un interposeur avec les capacités de découplages nécessaires.

1.3 Contraintes et requis du NanoPad™

Le NanoPad est l'unité fonctionnelle la plus petite du système. Ce module, se dénombrant par millions, possède une connexion vers le monde extérieur pouvant servir d'E/S numérique, de source de tension régulée, de masse ou être flottante. Ces entités consomment une surface de silicium unitaire de 117 µm×77 µm et sont espacés les uns des autres de près de 63 µm, comme le monte la Figure 1.6 (Norman, et al., 2008). La connexion vers le monde extérieur se fait à l'aide de la dernière couche de métal disponible de la technologie et recouvre le NanoPad en entier. L'espace entre chacun de ces derniers sert à intercaler les fonctions associées au WaferNet et d'autres circuits nécessaires au bon fonctionnement du WaferIC tel la chaîne de programmation JTAG et le WaferNet.

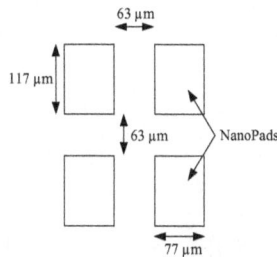

Figure 1.6   Tailles et espacements des NanoPads sur le WaferIC.

Les contraintes majeures proviennent de (1) l'architecture du WaferIC, architecture qui limite la surface de silicium disponible ainsi que (2) le courant statique que peut consommer chaque NanoPad. La taille et l'espacement entre chacun découle de l'objectif de supporter un BGA avec des billes de soudure (microbilles) d'un diamètre de 250 µm espacées de 800 µm. L'architecture présentée dans les sections précédentes assure qu'un maximum de deux billes pourraient entrer en contact avec

14

les NanoPads d'une même Cellule-Unitaire. Le choix d'utiliser ces plots arrangés en matrice carrée 4×4 est un compromis entre le degré de complexité du design des masques et de la surface de silicium consommée. Des arrangements de matrice carrée 1, 2, 3, 5, 6 et 8 ont également été explorés, et la matrice 4×4 s'est avérée être le meilleur compromis (Norman, et al., 2008). Le Tableau 1.2 résume ces diverses avenues explorées.

Tableau 1.2 Exploration de divers arrangements de matrices possibles pour une Cellule-Unitaire (Norman, et al., 2008).

Taille de la Cellule (μm)	Nombre de microbilles supportées	Type de matrice	Surface d'un NanoPad (μm²)	Surface totale (μm²)	Taux de remplissage (%)
250 x 250	1	1	22500	62500	196
250 x 250	1	2 x 2	22500	62500	212
550 x 550	2	4 x 4	120000	302500	82.6
550 x 550	2	5 x 5	120000	302500	86
550 x 550	2	6 x 6	120000	302500	90
550 x 550	2	8 x 8	120000	302500	99.1

La surface de silicium doit être partagée entre la circuiterie analogique des NanoPads, d'autres circuits analogiques propres à la Cellules-Unitaires, la circuiterie numérique du WaferNet et la circuiterie de programmation (JTAG). La Figure 1.7 explique comment la surface de silicium est répartie pour une Cellule-Unitaire.

Circuit analogique de
la cellule-unitaire

NanoPads

☐ Circuiterie numérique
☐ Circuiterie analogique

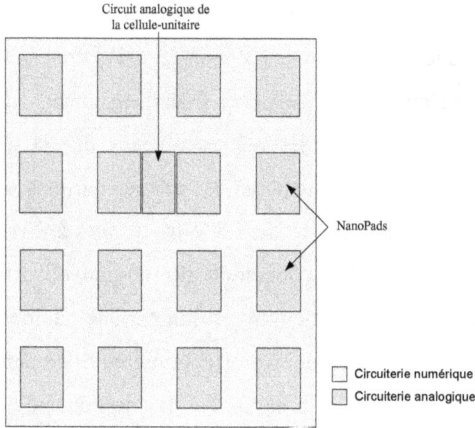

Figure 1.7 Schéma explicatif de la séparation des circuiteries analogique et numérique pour une cellule-unitaire.

La circuiterie d'un NanoPad est contenue dans une surface de silicium de 117 μm×77 μm. Ce module est dupliqué près de 1.3 millions de fois sur la tranche de silicium, la consommation statique de courant se doit ainsi être très basse. Si par exemple chacun des NanoPads consomme 200 μA lorsqu'inactifs (courant statique), cela entraînerait un courant total de 260 A pour tout le WaferIC. Ce courant nécessiterait un premier étage d'alimentation pouvant supporter plus de 3000 W à 12 V ainsi qu'une grille de distribution intégré d'une puissance équivalente. Pour demeurer sur une plage acceptable, soit quelques ampères (1 à 3 A), la consommation ponctuelle de ces modules doit être de l'ordre de quelques micro-ampères (μA). Le courant maximal qu'un plot doit pouvoir fournir est de 100 mA. Puisque la technologie vise à supporter des circuits numériques CMOS, la tolérance quant à la déviation de la tension nominale ne doit pas excéder 10 % en tout (Hazucha, Karnik, Bloechel, Parsons, Finan, & Borkar, 2005) pour la tension régulée vue par le circuit intégré déposé en surface. De plus, le NanoPad doit pouvoir fournir une tension de 3.3 V non-régulée, une masse et avoir la possibilité de se mettre en haute-impédance. Il doit également agir en tant que sortie numérique configurable pour les mêmes niveaux que la régulation et de servir d'entrée numérique pouvant supporter les mêmes tensions énumérées. Une dernière fonctionnalité, soit un *pull-up* de 1.8 V et un *pull-down* à la masse doit également figurer parmi les modes d'opération afin de pouvoir détecter un court-circuit entre deux NanoPad. Ce court-circuit est fait par une microbille d'un circuit intégré déposé sur la surface active du WaferIC et qui entre en contact avec deux NanoPads ou plus, comme l'indique la Figure 1.2. Il s'agit donc d'un système pour détecter un contact entre plusieurs NanoPads, ce système sera décrit en profondeur au chapitre 3. Le Tableau 1.3 résume les différents requis pour le NanoPads.

Tableau 1.3 Résumé des requis nécessaires pour un NanoPads[TM].

Mode ou Requis	Description détaillées
Tensions configurables	1.0, 1.5, 1.8, 2.0, 2.5, 3.3 V
Courant maximal en régulation	100 mA
Déviation maximale de la tension régulée	Maximum de ~10 %
Entrée/Sortie numérique configurable	1.0, 1.5, 1.8, 2.0, 2.5 V
Pull-up	1.8 V
Pull-down	0 V
Haute-impédance	
Courant Statique Maximal (NP/CU)	< 10 µA/10 µA
Surface disponible par NanoPad : **0.00847 mm^2** par Cellule-Unitaire **0.3025mm^2**	

1.4 Conclusion

Les notions nécessaires à la bonne compréhension de ce mémoire concernant la vue d'ensemble du WaferIC ont été résumées dans ce chapitre. Le fonctionnement du WaferIC a été détaillé suivi d'une description de l'arborescence utilisée afin de propager la puissance requise du circuit imprimé vers chacun des NanoPad. Puis, il a été question des contraintes et requis du WaferIC pour bien mettre en évidence les contributions de ce mémoire qui vise l'intégration des différentes fonctions nécessaires au bon fonctionnement d'un NanoPad dans les limites de courant et de tailles tout en respectant les performances requises.

CHAPITRE 2   SURVOL DE TRAVAUX DE POINTE DANS LE
DOMAINE

Ce second chapitre a pour objectif de présenter les travaux pertinents qui se rattachent à ce mémoire. Diverses stratégies sont explorées quant aux types d'architectures envisageables pour la régulation dont les régulateurs linéaires et à commutation. L'accent est mis sur les régulateurs linéaires pour leur qualité d'être peu bruyants et sur leur intégration possible. En second lieu, l'état de l'art d'une entrée/sortie digitale sera énoncé. Diverses approches de référence de tension seront ensuite discutées afin de rendre le NanoPad configurable, en parlant de sa tension de sortie. Finalement la dernière section porte sur l'importance de concevoir un système qui intègre toutes les fonctionnalités désirées en un seul module à sortie unique.

2.1 Stratégie de régulation

Cette section traite des diverses possibilités quant à la régulation en tension d'une charge active. Deux grandes classes de régulateurs s'imposent soit les régulateurs à commutation (*Switching Regulator* (SR)) ou bien les régulateurs linéaires à faible variations de la tension de sortie (*Low Dropout Regulator* (LDO)). Bien que les régulateurs de type SR offrent la possibilité d'atteindre de très hauts niveaux d'efficacité énergétique de l'ordre de ~95 %, il n'en demeure pas moins qu'ils disposent également d'un courant de fuite substantiel dû en majeure partie à la commutation constante de l'horloge requise (Hazucha, et al. 2005). De plus, ce type d'architecture nécessite très fréquemment de très volumineuses composantes externes, tel que des capacités ou inductances. Ces deux défauts majeurs rendent cette approche inexploitable pour les requis du WaferIC.

D'autre part, les régulateurs de type LDO peuvent également fournir un rapport énergétique intéressant, 78.5 % en prenant l'exemple d'une conversion de 3.3 à 2.5 V, tout en demeurant faciles à intégrer puisqu'ils ne nécessitent aucune composante volumineuse ne pouvant être fabriquée sur le silicium. Les régulateurs linéaires de type LDO sont donc plus attrayants pour en faire une intégration à l'échelle de la tranche. La suite de cette section mettra donc l'emphase sur ce type d'approche.

2.1.1 Régulateurs linéaires de type LDO

Plusieurs types de LDO existent et offre un grand éventail de performances face à la régulation de la charge, de l'impédance de sortie, du courant statique, de la consommation de la surface de silicium, de la taille des capacités de découplage requises ainsi que le temps de réponse de ce dernier. Les requis et contraintes du WaferIC décrits dans le chapitre précédent seront les points de mire pour le choix de l'architecture.

2.1.2 Le régulateur Source Commune

Une première approche typique et très connue utilise un étage de sortie de type source commune comme le montre la Figure 2.1 . Cette technique permet d'obtenir de très faibles variations de la tension de sortie. De plus, l'utilisation d'un transistor de puissance PMOS de grande taille permet d'obtenir une grande tension d'activation V_{GS} ce qui, par le fait même, diminue la surface de silicium nécessaire pour obtenir un courant maximal désiré. En contre partie, cette architecture offre un rejet du bruit de l'alimentation (PSR) plutôt médiocre en plus d'avoir une largeur de bande fréquentielle limitée dû à l'utilisation d'un amplificateur opérationnel dans la boucle de rétroaction afin de permettre à la sortie V_{out} de suivre la tension de référence V_{ref}.

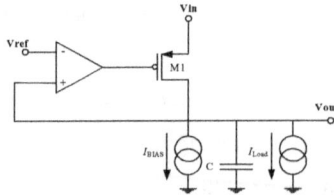

Figure 2.1   Un régulateur linéaire LDO de type source-commune à faibles variations de la tension de sortie. Modifié à partir de (Hazucha, et al. 2005).

2.1.3 Le régulateur Source-Commune amélioré

Une seconde approche montrée à la Figure 2.2 , est une amélioration de la première méthode suggérée. Elle inclut un étage de comparaison afin d'améliorer la réponse en fréquence par l'ajout d'un module d'amplification de courant. Cette architecture permet des courant allant de 0 à 50 mA pour des variations de la tension de sortie d'un maximum de 200 mV. La réponse fréquentiel de ce système est de 15 µs et offre un rejet du bruit de l'alimentation de -57 dB à 1 KHz (Milliken, Silvia-Marinez et Sanchez-Sinencion 2007). Cette topologie offre de très bonnes performances mais demande l'intégration de deux capacités très grande d'environ 2.5 pF en plus de résistances supplémentaires pour une surface de 0.12 mm^2 pour une technologie de 0.35 µm. De plus, le courant statique de 65 µA est environ 13 fois trop élevé vis-à-vis les requis du WaferIC.

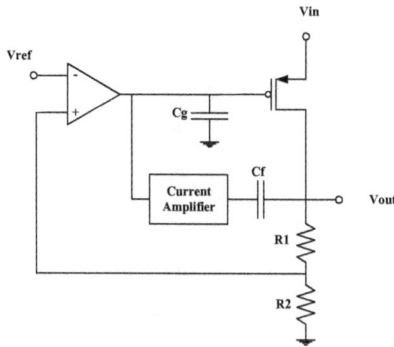

Figure 2.2   Un régulateur linéaire LDO de type source-commune à faibles variations de la tension de sortie avec étage de comparaison améliorant la réponse fréquentielle. Modifié à partir de (Milliken, Silvia-Marinez et Sanchez-Sinencion 2007)

2.1.4 Un régulateur avec un tampon atténuateur d'impédance

Une autre technique vise à utiliser une tension de polarisation dynamique dans une boucle de rétroaction « *Shunt* », afin d'en abaisser l'impédance de sortie et du même coup améliorer la réponse fréquentielle du régulateur. Les performances associées à ce design, implémentées dans une technologie de 0.35 µm, sont excellentes et permettent un courant maximum de 200 mA un temps de réponse de 100 ns et des incursions en dessous de 3 % pour la tension de sortie. Le courant statique est également faible avec 20 µA. Cependant, encore une fois la taille de plus de 0.2 mm^2 d'une telle approche rend l'intégration à l'échelle de la tranche impossible. De plus qu'une capacité externe imposante de 1 µF est nécessaire pour le bon fonctionnement du circuit.

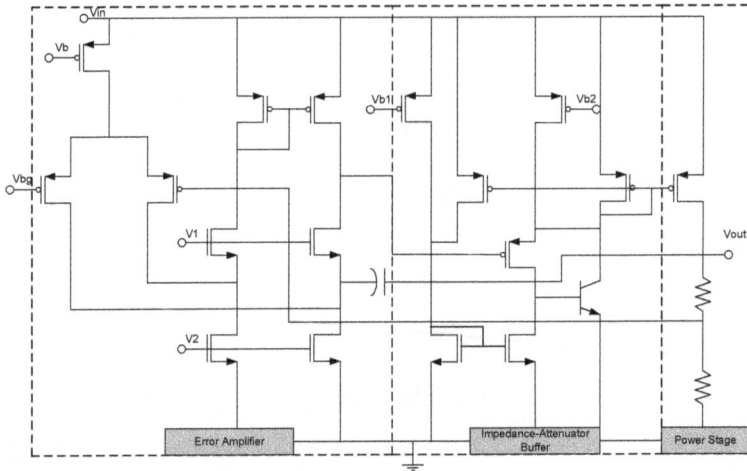

Figure 2.3   Un régulateur linéaire LDO avec un tampon atténuateur d'impédance offrant une réponse en fréquence amélioré en diminuant l'impédance de sortie. *Modifié à partir de* (Al-Shyoukh, Lee et Perez 2007).

2.1.5 Un régulateur linéaire avec tension de polarisation adaptative

Cette approche utilise la compensation de Miller afin d'offrir un régulateur linéaire ne nécessitant qu'un faible courant d'opération, soit ~50 µA. Un miroir de courant simple échantillonne le courant de grille du transistor de puissance et en ajuste le courant de polarisation de l'amplificateur d'erreur à l'aide d'une source de courant contrôlée par une tension comme le montre la Figure 2.4 . Cette approche offre cependant une bande-passante limitée pour la régulation de la charge due à la boucle de rétroaction qui inclut l'amplificateur d'erreur.

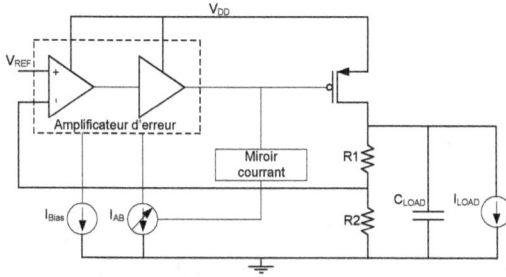

Figure 2.4   Un régulateur linéaire sans capacité de sortie utilisant une tension de polarisation adaptative et la compensation de Miller. *Modifié à partir de* (Zhan et Ki 2010)

2.2 Stratégie de l'entrée/sortie numérique

Plusieurs aspects très importants doivent être tenus en compte lors de la conception d'une entrée/sortie E/S digitale. Les variations aux niveaux du procédé de fabrication, de la température et de la tension d'alimentation ont des effets directs sur les performances d'un tel module en dégradant l'impédance de sortie de l'E/S (Esch Jr. et Chen 2004). Afin de contrôler la stabilité de la sortie deux démarches peuvent être envisagées. La première, un contrôle de type courant plus susceptible au bruit ou bien un contrôle de type tension qui offre une meilleur immunité face au bruit de la tension d'alimentation.

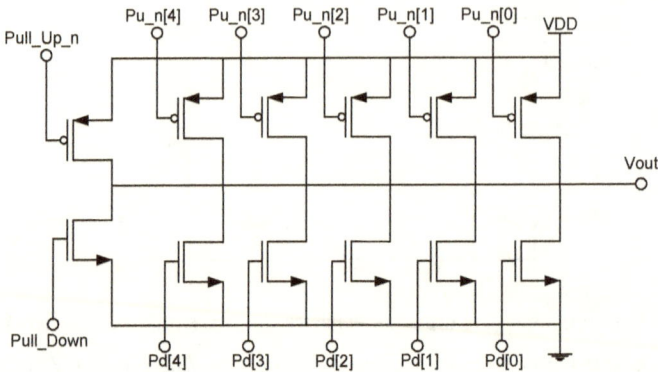

Figure 2.5   Un entrée/sortie numérique à impédance de sortie configurable simple. *Modifié à partir de* (Esch Jr. et Chen 2004).

2.2.1 L'Entrée/Sortie Configurable Simple

L'E/S configurable simple, comme le montre la Figure 2.5 peut calibrer indépendamment ses étages « *push-pull* » afin d'accommoder l'impédance de la broche à laquelle il s'en retrouve connecter en utilisant les caractéristiques de la résistance de canal R_{DS} des transistors. Ceci peut être fait aisément en activant ou désactivant les transistors PMOS ou NMOS à l'aide des signaux de contrôle Pu_n[X] ou Pd[X]. Cependant, une telle approche ne permet pas une variation linéaire de l'impédance de sortie. De plus, ce type d'architecture est très susceptible au bruit d'alimentation ce qui est également problématique.

2.2.2 L'entrée/sortie assisté d'un courant

Afin d'améliorer la linéarité de l'impédance de sortie de l'E/S simple décrite précédemment, une architecture parallèle de pilote a fait son apparition comme le montre la Figure 2.6. Très similaire à l'E/S simple, il incorpore un étage supplémentaire de « *pull-up* » et de « *pull-down* ». La calibration de l'impédance de sortie s'exécute de la même manière en sélectionnant les étages PFET ou NFET nécessaires pour calibrer l'impédance de sortie de l'E/S sur celle à laquelle il est connecté. L'ajout d'un second étage parallèle permet de diriger un courant supplémentaire pendant la phase d'une transition logique ce qui permet une meilleure linéarisation de la sortie.

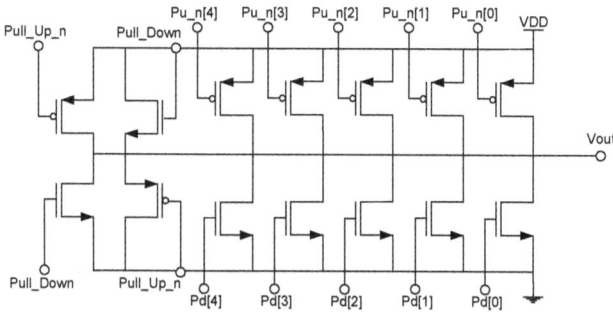

Figure 2.6   Un entrée/sortie numérique à impédance de sortie configurable assistée d'un courant supplémentaire. *Modifié à partir de* (Esch Jr. et Chen 2004).

2.2.3 L'entrée/sortie à résistance de type « poly »

Une seconde architecture a été développée pour améliorer la linéarité de l'impédance de sortie de l'E/S simple. L'ajout de résistances de type « poly » en série avec les transistors de « pull-up » PFET et « pull-down » NFET permet d'obtenir une fraction de l'impédance de sortie totale qui s'en retrouve divisée entre les résistances ajoutées et les transistors FET comme le montre la Figure 2.7. Cependant, en tentant d'améliorer la linéarité de l'impédance de sortie en augmentant la taille des résistances « poly » on augmente par le fait même la capacité de sortie détériorant rapidement les performances.

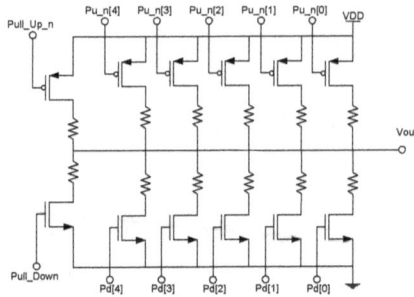

Figure 2.7   Un entrée/sortie numérique à impédance de sortie configurable à résistance « poly ». *Modifié à partir de* (Esch Jr. et Chen 2004).

2.2.4   L'entrée/sortie quasi linéaire

L'architecture suivante tire profit des topologies décrites précédemment. En combinant les caractéristiques de l'E/S assisté d'un courant et celle de l'ajout de résistances de type « poly ». Cet hybride a pour avantage de fournir une impédance de sortie quasi linéaire sans toutefois devoir utiliser des résistances trop grande ce qui se traduit en un certain gain d'espace de silicium mais avec l'ajout de plusieurs autres transistors.

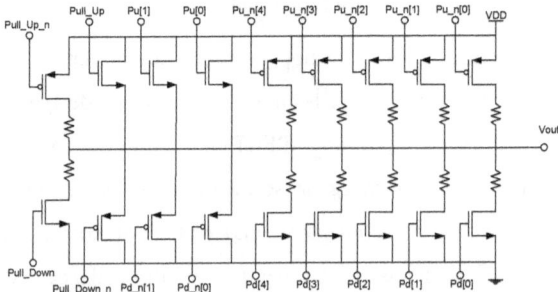

Figure 2.8   Un entrée/sortie numérique à impédance de sortie configurable quasi linéaire. *Modifié à partir de* (Esch Jr. et Chen 2004).

2.3 Stratégie de référence de tension configurable

Pour rendre le NanoPad configurable avec les tensions standards désirées de 1.0, 1.5, 1.8, 2.0 et 2.5 V une référence est requise. Une tension externe fournie par un TSV nécessiterait un routage supplémentaire non-négligeable ainsi qu'une surface de silicium associée à chacun des vias supplémentaires requis. De plus, la densité des TSV augmenterait considérablement rendant le WaferIC trop fragile, mécaniquement parlant. Une référence de tension configurable générée à l'interne est donc nécessaire. De multiple topologie existent et offre des caractéristiques propres à chacun des designs, en parlant de la précision de celle-ci, sa stabilité face aux variations de température, de l'alimentation ainsi que du procédé de fabrication. D'autres paramètres importants à ne pas négliger sont la consommation statique ainsi que la surface de silicium utilisée pour leur conception.

2.3.1 La référence de tension de type « BandGap »

Plusieurs types d'architectures existent pour générer des tensions très stables et insensibles aux variations ambiantes. Une première topologie typique utilise un amplificateur opérationnel combiné avec deux diodes de type PNP connectées à la masse comme le montre la Figure 2.9 a). En maintenant les deux entrées de l'amplificateur égales on peut générer une tension qui ne dépend que des paramètres des transistors PNP ainsi que des résistances utilisées. L'équation 2.1 donne la tension en fonction de V_{EB}, la tension de seuil d'une diode PNP, R2 et R1 les résistances utilisées A1 et A2 la surface de l'émetteur des diodes Q1 et Q2.

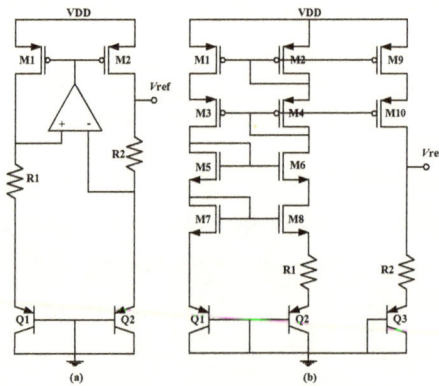

Figure 2.9 a) Une référence de type BandGap utilisant un amplificateur opérationnel. b) Une référence de type BandGap utilisant un PTAT et CTAT. *Modifié à partir de* (Jiang et Lee 2000).

Une seconde architecture typique utilise un miroir de courant pour maintenir les courants dans chacune des deux branches du miroir égaux pour pousser le même courant dans deux diodes de type PNP connectées à la masse, comme le montre la Figure 2.9 b). On obtient ainsi un courant variant positivement avec la température (PTAT). En combinant ce courant à une seconde diode PNP qui elle varie négativement avec les variations de température (CTAT) on peut obtenir une tension ne dépendent que des paramètres des transistors et des résistances utilisées. L'équation 2.2 donne la tension de sortie de cette architecture ou K est un facteur multiplicatif de taille entre les diodes Q1 et Q2.

$$V_{ref} = V_{EB2} + \frac{R2}{R1}\frac{kT}{q}\ln\left(\frac{A1}{A2}\right) [V] \qquad\qquad 2.1$$

$$V_{ref} = V_{EB3} + \frac{R2}{R1}\frac{kT}{q}\ln(K) [V] \qquad\qquad 2.2$$

2.3.2 La référence de tension configurable

La configuration d'une référence de tension peut se faire au moyen d'un convertisseur numérique à analogique CNA et d'un circuit sommatif. Le CNA polarise à différent niveau de tension un miroir de courant qui pousse plus ou moins de courant dans une architecture de type BandGap. Ce courant alimente ce même convertisseur ce qui fournit à un miroir de courant un courant indépendant des caractéristiques de la température et de l'alimentation. Ce courant est ensuite utilisé dans un amplificateur qui fournit une gamme de tensions configurables différentes variant de 1.075 à 1.85 V par incrément de 25 mV. La Figure 2.10 illustre ce circuit.

Une seconde approche utilise un circuit de modulation de premier ordre de type sigma-delta qui module un tampon de sortie alimenté par une référence de tension générée par un Bandgap comme le montre la Figure 2.11 . L'ajout d'un contrôleur est nécessaire afin de bien gérer cette application. Un tel circuit fournit une tension configurable de 0 à 2.5 V avec une résolution de 10 bits.

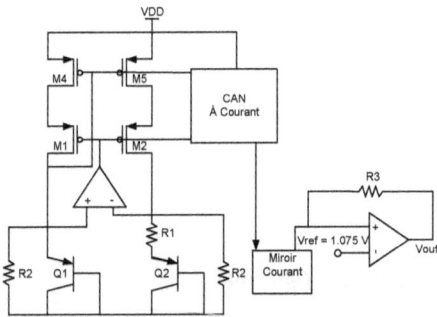

Figure 2.10 Référence de tension configurable utilisant un CAN, un BandGap et un circuit de sommation produisant une tension configurable de 1.075 à 1.85 V. *Modifié à partir de* (Zhang, et al. 2007).

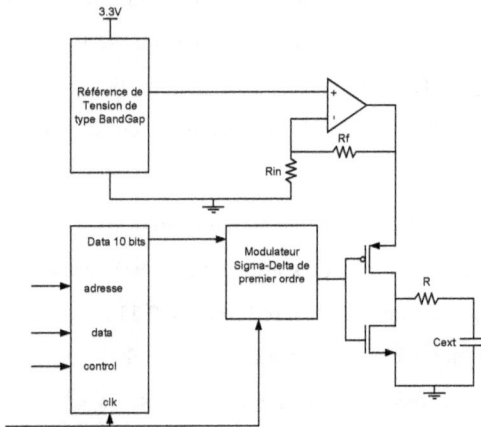

Figure 2.11 Une référence de tension configurable utilisant un modulateur de premier ordre de type sigma-delta et un circuit de BandGap. *Modifié à partir de* (Kennydy et Rinne 2005).

Toutes les configurations et designs décrits précédemment offrent de très bonnes performances quant à la déviation de la tension de sortie par rapport à la température et la stabilité de celle-ci par rapport aux fluctuations de l'alimentation. Cependant, tous nécessitent des courant de polarisation élevés et une surface de silicium qui entrent en conflit avec les requis du WaferIC. Une relaxation des performances pour obtenir des gains significatifs quant au courant statique et à l'espace requis est donc nécessaire.

2.4 Regroupement des fonctions en une sortie unique

Le très grand nombre de NanoPads, les différents types de sorties et de niveaux requis, le peu de surface de silicium disponible et la puissance consommée devant être réduite, sont plusieurs facteurs qui suggèrent un partage du maximum de circuiterie entre les NanoPads et les Cellules-Unitaires. Une approche hiérarchique similaire à l'architecture proposée par *Hazucha et al.* regroupant un étage maître par Cellule-Unitaire et 16 étages esclaves (les NanoPads) permettrait de réduire considérablement la surface utilisée. Il est très peu probable que deux broches voisines d'un circuit intégré, que l'on déposerait sur le WaferIC, soit de deux niveaux d'alimentation différents ou encore de deux sorties numériques également de niveaux différents. Une source de tension unique configurable, commune à tous les NanoPads d'une Cellule-Unitaire, n'est donc pas gênant puisque l'architecture 4×4 retenue ne permet qu'un maximum de deux microbilles. La Figure 2.12 illustre le type d'architecture esclave-maître proposé. Cette approche permet de réduire substantiellement la surface de silicium utilisée ainsi que la puissance consommée. Une architecture où chaque NanoPad serait indépendant implique une multiplication par 16 de la surface utilisée pour contrôler les différents niveaux de tensions et de ce fait le même facteur sur le courant nécessaire dédié à cette circuiterie.

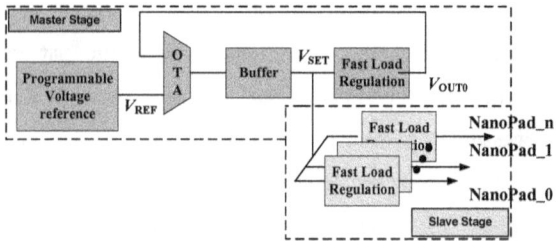

Figure 2.12 Approche de type hiérarchique ou un étage maître fournit une tension de référence configurable à 16 NanoPads d'une même cellule. *Modifié à partir de* (Hazucha, et al. 2005).

2.5 Conclusion

Dans ce chapitre, une revue sommaire de la littérature a été effectuée pour l'ensemble des circuits et sujets pertinents à ce mémoire. En premier lieu, diverses approches et circuits ont été étudiés pour la régulation d'une charge en mettant l'emphase sur les régulateurs linéaires puisqu'ils peuvent être facilement intégrés à cause de leur faible bruit et de la non nécessité de composants passifs externes. Plusieurs topologies se démarques par leurs performances mais n'offrent pas une taille ni un courant statique compatibles avec les requis et contraintes du WaferIC. En second lieu, plusieurs types de sortie numérique ont été décrits avec leurs points forts et leurs lacunes. Ce chapitre a ensuite traité des différentes avenues possibles quant à la génération de tensions de références pour en conclure que la majorité des circuits proposés par la littérature mettent l'emphase sur les performances et non sur la consommation et la taille. Finalement, une approche de type hiérarchique a été décrite ou un étage maître contrôle plusieurs étages esclaves. Cette approche aurait pour gain la réduction de la surface de silicium nécessaire ainsi que le courant statique en partageant un maximum de circuiterie par cellule-unitaire.

CHAPITRE 3   CONFIGURABLE INPUT-OUTPUT POWER PAD
WAFER-SCALE MICROELECTRONIC SYSTEMS

Après avoir introduit le WaferIC au chapitre 1 et détailler les travaux relatifs à ce projet dans la revue de littérature du chapitre 2, il est maintenant question de la conception et de l'implémentation du plot configurable permettant la conception d'un circuit constituant un réseau de distribution de puissance intégré à l'échelle de la tranche de silicium. Un article a été soumis à la revue "IEEE Transactions on Circuits and Systems-I" en mars 2011 traitant sur l'implémentation du projet et est présenté intégralement. Les contributions de l'article se situent en grande partie dans l'intégration de plusieurs fonctions en une seule sortie unique, soit un régulateur de tension configurable, un plot d'entrée/sortie numérique configurable, une circuiterie de détection de contact ainsi qu'une masse. Le très faible niveau de consommation de courant est également notable, surtout pour une nouvelle approche de génération de niveau de tension configurable très compact.

La majeure contribution de cet article se situe dans l'intégration de plusieurs fonctions en une seule sortie unique, soit un régulateur de tension configurable, un plot d'entrée/sortie numérique configurable, une circuiterie de détection de contact ainsi qu'une masse.

Une seconde contribution importante est l'intégration de toute la circuiterie d'un NanoPad dans une surface de silicium très restreinte, le tout pour un niveau de consommation de courant statique également très réduit, soit plusieurs ordres de grandeur en dessous de la littérature.

Une dernière contribution notable est la référence de tension configurable. Cette dernière utilise une architecture différente des « *BandGap* » classiques mais offre des performances similaires tout en ne consommant qu'un courant statique et n'occupant qu'une surface de silicium de plusieurs ordres de grandeur moindre.

La présentation de l'article est structurée de la manière suivante. Tout d'abord la description du projet et l'élaboration du WaferIC sont abordées. S'en suit une revue de littérature introduisant les travaux de pointes dans les domaines nécessaires à l'implémentation du projet tel que les références de tension, les régulateurs linéaires ainsi que les plots numériques d'entrée/sortie. Une description de chacun des modules est ensuite détaillée pour bien saisir les circuits proposés. Suivis de la démonstration de plusieurs résultats expérimentaux et une comparaison avec des travaux existants est effectuée. Finalement une brève conclusion termine l'article.

Des résultats supplémentaires figurent à l'annexe III concernant la référence de tension configurable sous forme d'article de conférence IEEE. Celle-ci fût l'objet d'une publication à la conférence « *NEWCAS 2010* ». Cette référence de tension se démarque par sa très faible puissance statique, soit 0.66 nW ainsi qu'à sa faible surface de silicium, 0.0014 mm^2. Cette référence de tension configurable est basée sur une architecture de type « *beta-multiplier* » et offre une rejection des variations DC de l'ordre de 15.1 à 84.3 mV ce qui représente, dans le pire des cas, une variation de moins de 4 % de la tension nominale. La stabilité face aux variations de température se situe entre 2.6 et 9.7 % sur une plage de 40 à 100 °C et la rejection du bruit de l'alimentation dépasse les -30 dB pour des fréquences plus élevées que 1 MHz.

3.1 A Configurable Input-Output Power Pad Wafer-Scale Microelectronic Systems

Nicolas Laflamme-Mayer, Walder André, Olivier Valorge, Yves Blaquière, and Mohamad Sawan, *IEEE Fellow*

Abstract—We describe in this paper a new configurable digital input-output power pad (CPAD) for a wafer-scale based rapid prototyping platform for electronic systems, implemented in a 180 nm CMOS technology. The platform comprises a reconfigurable wafer-scale circuit that can interconnect any digital components manually deposited on its active alignment-insensitive surface. The whole platform is powered using a massive grid of embedded voltage regulators. Power is fed from the bottom of the wafer via Through-Silicon-Vias (TSVs). The CPAD can be programmed to provide standard voltages of 1.0, 1.5, 1.8, 2.0, 2.5 and 3.3 V using a single 3.3 V power supply. The digital I/O supports the same standard CMOS voltages. Fast load regulation is achieved with a 5.5 ns response time to a current step load for a maximum current of 110 mA per CPAD. The proposed circuit architecture benefits from a hierarchical arborescence topology where one master stage drives 16 CPADs with a low quiescent current of 5.85 µA. The CPAD circuit and the master stage occupy a small area of 0.00847 mm^2 and 0.00726 mm^2 respectively.

Index Terms— IO, LDO, configurable, prototyping platform, voltage reference, voltage regulator, WaferIC, Wafer-scale

3.1.1 Introduction

IN today's market, electronic systems integrate increasingly complex components with demanding constraints on size, power-efficiency and time-to-market. There have been previous efforts to overcome the design, prototyping and debugging costs of high-end electronic systems, but none has succeeded in all the areas needed to revolutionize system design, prototyping and debugging. Components such as Field Programmable Interconnect Chips (FPICs) are known to be capable of reconfiguring the interconnections of an electronic system [1]. Nevertheless, a printed circuit board (PCB) must be fabricated to match the layout pattern of the required components for each system. Furthermore, in the case of high-end electronic systems that require high-density routing, several FPICs must be used due to their limited capabilities [1].

A novel platform made of an active reconfigurable wafer-scale circuit, WaferBoard^{TM}, has recently been introduced for rapid prototyping of electronic systems [2]. This platform interconnects any user integrated circuit (uIC) manually deposited on its active alignment-insensitive surface, or WaferIC^{TM}, by the system designer. The active area is densely populated with over a million small conducting pads, called NanoPads, and covered with an anisotropic conductive film (z-Axis film). A square array of 32×32 Unit-Cells, each with a group of 4×4 NanoPads forms a reticle image (Figure 3.1). The reticle image is photo-repeated to create the wafer-scale circuit and uses inter-reticle stitching for connections between reticle images.

Each NanoPad can be in contact with a uIC ball and must therefore be configurable as floating, a digital input/output (I/O), a power supply or a ground. Called Configurable PAD (CPAD) is the internal circuit, which when configured as a power supply or I/O provides a stable and regulated V_{DD} to its connected load. To support a large range of digital uIC the CPAD can be configured to one of the nominal V_{DD} standard levels: 1.0, 1.5, 1.8, 2.0, 2.5 or 3.3 V, with the reference voltage internally generated rather than externally generated as in a FPGA [3]. The CPAD also includes a contact detection mechanism base on a uIC ball covering more than one NanoPad. The top side of the WaferIC must be free of any other mechanical or electrical structures to ensure good electrical contact between uICs and z-Axis film wires.

The connection between the desired pins of two or more uICs is accomplished via a fault-tolerant reconfigurable interconnection network, called WaferNet. This multi-dimensional mesh structure links a number of CPADs together in each physical direction (N-S-E-W) at near intra-chip-density [1]. The WaferIC silicon area is shared between this WaferNet, the CPAD and other required structures (discussed in section II).

The remaining parts of this paper include, in section II, an introduction of the WaferIC structure, which determines the architecture for the distributed linear regulators, voltage reference, I/O, contact detection and the strategy to improve overall quiescent current. We describe in section III the proposed circuits and their characteristics. A layered structure that can feed current from a small PCB (mm-scale) to the active silicon areas (μm-scale) from the bottom of the wafer is reported in this section. In Section IV, a TestChip fabricated in a CMOS 180 nm technology is presented and demonstrates the benefits of the proposed CPAD topology. Experimental results show that the proposed solutions for the CPAD are reliable, efficient and fit WaferIC requirements. These are detailed and discussed, and performances of the proposed circuits are compared with other published works.

Figure 3.1

3.1.2 WaferIC and CPAD Requirements

Wafer-scale integration of the WaferIC poses several design challenges. This section describes the structures specific to prototyping platform and presents an overview of existing topologies already published in literature regarding the required structures within the WaferIC.

3.1.2.1 A. Proposed WaferIC Topology and Design Requirements

Figure 3.1 shows a hierarchical view of the WaferIC. Its active circuit is composed of 76 photo-repeated reticle image tiles within a 200 mm wafer (Figure 3.1 (a)). Each reticle image includes a 32×32 matrix of 560×560 μm² Unit-Cells. Each Unit-Cell can support two 250 μm diameter uIC balls with an 800 μm pitch. The number of NanoPads per cell is also important to insure good electrical and mechanical contact with the uIC balls, deposited on the z-Axis anisotropic conductive film and conductive NanoPad [4]. The Unit-Cell includes 4×4 NanoPads, taking into account the silicon area required for the CPAD, the control logic, the WaferNet and the analog circuits [1]. The CPAD is the largest element at 77 μm ×110 μm, consuming in aggregated almost half silicon area. Each CPAD can provide 100 mA to a uIC ball load.

A contact detection mechanism is also implemented to locate physical connections to a uIC contact by detecting shorts created between two or more adjacent NanoPads by a uIC ball (Figure 3.1 (c)). This is done by addressing pairs of neighbouring CPADs with appropriate signals and activating the proper test circuits. A more detailed explanation is given in section III.

A ground and two other power supply rails, 1.8 and 3.3 V, are distributed uniformly over the 200 mm wafer. The WaferNet logic core is supplied with 1.8 V, with a maximum current of 5 A split among a maximum of 4 reticle images. The

CPAD and all other analog circuits are supplied with the 3.3 V rail for the same number of reticle images but with 5 times the power of the 1.8 V rail. A more detailed description is given is section III.

The power supply arborescence structure combined with the size of the power rails makes all power supplies uneven across the wafer, due to parasitic resistances, process variations, the large number of supplied uIC and the random placement of these uICs over the surface. These physical and structural constraints make the ground and power grids very noisy. The external voltage regulators feeding voltage through the TSVs could suffer severe voltage drops at the uIC ball due to parasitic resistances of the TSV and the on-silicon power and ground grids. A linear voltage regulator closer to the load is more amenable. To compensate for this, a distributed voltage regulator is proposed since it is more insensitive to DC variations and all frequency noise within the power grids and substrate. The CPAD requires a stable voltage reference that must be internally delivered. External generation would require more silicon area than is available and extra routing from a TSV to every nearby NanoPad. Tableau 3.1 summarize the requirements for a NanoPad, a Unit-Cell, the reticle image, the WaferIC and the WaferBoard.

3.1.2.2 B. Linear Voltage Regulator Topology

In order to provide stable and configurable V_{DD} to each uIC ball, voltage regulators are distributed over the entire WaferIC, one per NanoPad. The DC-DC converter and switching regulator attain very high power efficiency of ~95 % [5]. Nonetheless, leakage current due to constant switching reduces the possibility of wafer-scale integration. Moreover, such regulators often require off-chip capacitors and inductors. Linear regulators are more appealing and easier to integrate on-chip within a small area despite their lower theoretical maximum power efficiency, e.g. 75.8 % for a 3.3 V to 2.5 V DC-DC conversion.

Several linear regulator topologies exist and offer a wide range of DC load regulations, output impedances, quiescent currents, silicon areas, decoupling capacitances and transient responses. The requirements listed in Tableau 3.1 are the foremost objectives.

A typical topology is shown in Figure 3.2 (a) for a linear voltage regulator with common-source output stage. Low-dropout voltage can be achieved with this design without the need for gate-overdrive [5]. The PMOS transistor allows M1 to be turned on with very large V_{GS} and reduces the required silicon area for a maximum desired output current compared to a NMOS pass device. On the flip side, this topology offers poor noise rejection its bandwidth is limited by the low-frequency amplifier feedback [5].

Including a differentiator for fast transient path improves transient response of the linear regulator, as shown in Figure 3.2 (b). Although good results and performances can be obtained, large integrated capacitance of 2.5 pF and resistances are needed [6]. This results in a total silicon area of 0.29 mm^2, which does not meet the area requirement. Another approach uses an impedance-attenuator buffer that presents good performances with a maximum delivered current of 200 mA, a quiescent current of 20 µA and a transient response of approximately 100 ns [7]. However, the use of integrated capacitors and resistors requires ten times the available area, even when technology scaling is applied on the published results of [7]. Others approaches were proposed in [8] and [9] with solution 10 time the available silicon area for the NanoPad.

Figure 3.2

3.1.2.3 C. Compact, Low-Current Voltage Reference Topology

Regulators use a voltage reference that must be internally generated to establish the predefined output according to the NanoPad load requirements. The programmability could be achieved using a digital-to-analog converter paired with a bandgap reference voltage using a PNP parasitic vertical diode [10]. Although, these circuits focus on ultra-low temperature deviations, the NanoPad supplies power to digital uIC, which can tolerate an overall ~10 % voltage variation at their power supply pin [5]. This large variation allows focusing on more important issues with regards to wafer-scale integration, such as quiescent current and silicon area.

A distributed linear regulator can regulate a load by tracking a reference voltage. This reference must be as independent as possible of any variation related to the power supply, temperature and fabrication process. Figure 3.3 (a) shows a typical Bandgap reference (BGR) using an operational amplifier that ensures equality of both differential inputs. Output reference voltage is given by (1) [11], where the second term is expressed as a proportional to absolute temperature (PTAT) value. This PTAT compensates for V_{EB2} of Q2. A_1 and A_2 are the respective surface area of PNP parasitic diodes Q1 and Q2, k the Boltzmann constant, T the absolute temperature and q the electron charge.

$$V_{ref} = V_{EB2} + \frac{R2}{R1}\frac{kT}{q}\ln\left(\frac{A1}{A2}\right) \tag{1}$$

Figure 3.3 (b) shows another typical BGR using M1 to M8 as a cascode current mirror producing a PTAT current duplicated by M9-M10. Temperature independence is achieved by combining this with a complementary to absolute temperature (CTAT) diode Q3. V_{ref} can be expressed as in (2) [11], where K is the ratio of surface area of Q2 and Q3.

$$V_{ref} = V_{EB3} + \frac{R2}{R1} \frac{kT}{q} \ln(K) \qquad (2)$$

Despite the fact that these approaches are simple and very efficient with regards to performance, they use way too many large resistances and parasitic diodes, making them irrelevant for wafer-scale integration. For instance in [11], 1.2 μm CMOS technology has been used to implement the design. The required silicon area was 1 mm^2, which is more than 3 times bigger than the available silicon area for an entire Unit-Cell, even with the scale-down factor. Layout optimisation would allow greater silicon use efficiency but would still leave no free space for all other required circuits.

Figure 3.3

3.1.2.4 D. Digital Input/Output Topology

Many aspects need to be considered when building an I/O, such as process, voltage and temperature variations. These variations directly affect the driver output impedance and degrade I/O performance [12]. The I/O can either be controlled by a current more sensitive to noise or by a voltage that offers good noise immunity. A first topology is a simple programmable I/O driver that has the ability to calibrate the pull-up and pull-down current drives with a combination of PFET and NFET that can be programmed in the right proportion. A second more complete topology uses additional pull-up and pull-down transistors and poly resistances that flatten output impedance response [12]. However, such topology does not meet the design requirements listed in Tableau 3.1 with regard to available silicone area, due to the complexity and number of integrated resistances and transistors.

3.1.2.5 E. Master-Slave topology

Several high quality topologies exist for voltage reference, voltage regulator and I/O pads, but they are not amenable for the WaferIC due to their large silicon area and quiescent current requirements. Given that the objective is to integrate one embedded CPAD per NanoPad, and that a WaferIC includes 1,245,184 NanoPads, sharing maximum circuits within a Unit-Cell would considerably help improve those concerns. Authors in [5] introduced a master-slave topology to minimize the silicon area with fast load regulation [5]. Exploiting this approach within the WaferIC would result in a ten-fold reduction of the silicon area and power consumption requirements, for a specific circuit, when referring to a Unit-Cell with 16 CPADs. Figure 3.1 shows a hierarchical architecture where the master stage, one per Unit-Cell, share control signals with a 4×4 NanoPad array.

3.1.3 Description of the proposed system

3.1.3.1 A. Power-Supply arborescence topology

The WaferIC power-supply circuit has an arborescence structure alongside a single power-source representing the root, and the embedded regulators in each CPAD are its leaves Figure 3.4 . Powering-up the complete wafer is accomplished by an AC/DC converter fed by a PCB that interconnects 21 PowerBlocks with a ground and a 12 V supply. Each PowerBlock accomplishes a DC/DC conversion down to 1.8 and 3.3 V and powers the WaferIC through its bottom surface for the reasons described earlier. Each PowerBlock powers up to 4 reticle images throughout a massive grid of Through Silicon Vias (TSV). An on-silicon metal grid distributes the necessary voltages through all Unit-Cells and NanoPads.

Decoupling capacitors cannot be placed on the topside of the WaferIC because the link between uIC balls is digital. Placing a decoupling capacitor on the same

NanoPad as the uIC ball would not be possible. Integration of sufficient capacitance is also impossible due to silicon area constraints imposed by the WaferIC. Consequently, the chosen architecture needs to rapidly deliver a regulated voltage without the benefit of adding capacitors. Moreover, it is necessary to distribute a stable voltage level to the powered CMOS uIC deposited on the prototyping platform, in relation to V_{DD} fluctuations, process and temperature variations. Typical linear regulators, such as those shown in Figure 3.2 (a) and (b), use an operation amplifier (OA) to ensure that V_{out} tracks V_{ref} across all these variations. However, process, temperature and V_{DD} variations are slow (kHz) while load current spiking is very fast (MHz) which makes this approach unappealing.

The architecture reported in [5] separates the regulation into a master-slave topology dissociating the slow variations from the fast ones (Figure 3.5). A primary low bandwidth control loop tracks a reference voltage along an OA to counteract any slow variations in the desired output. The second loop, with a much higher bandwidth, is accomplished by a current feedback within the Fast Load Regulation block. We adapted this master-slave approach in order to minimise silicon area by sharing maximum circuitry. In Figure 3.5 , the master stage (Unit-Cell) encompasses the low bandwidth loop and there is one Fast Load Regulator per NanoPad.

Figure 3.4

Figure 3.5

3.1.3.2 B. TSVs Density and IR Drop Analysis

This section evaluates the DC performances of the proposed power supply arborescence and determines if it could supply sufficient power to a uIC. Every stage introduces a DC voltage drop that can be modeled by discrete serial resistances. An overall DC drop of 150 mV from the root to the CPAD power supply is acceptable, leaving enough headroom for all circuits to work properly. The main backside PCB is considered as perfect power and ground plane due to the thickness of the metal lines. The TSV resistance was measured in [4]; with a value of ~11 mΩ per TSV. To determine the adequate TSV density and the equivalent resistance of the on-silicon metal grid, modeling and simulation were performed using COMSOL Multiphysic [13]. For the purpose of these simulations, 4 power pins were each in contact with 4 NanoPads. Each pin reduces the maximum available current, by a total of 400 mA per pin, which represents a powerful microprocessor activity. The results are summarized in Tableau 3.2. Because the thickness of the CMOS technology metal layer is less than 1 μm, it cannot carry a lot of current. To enhance the capabilities of the power grids, the density of the TSVs/mm^2 must be increased, but the TSV density is limited by the mechanical strength of a 200 mm wafer, the more holes it contains, the more fragile it is. The metal density is defined as the ratio of metal width to metal pitch. Figure 3.7 is a representation of our model. This metal density is limited to an upper limit because of the WaferIC routability for the rest of the design using 6 metal layers [1]. A TSV density of 0.25mm^2 with a metal wire density of 6/30 (width/pitch) was selected for the actual implementation. The overall DC voltage drop calculated with this setup, using COMSOL Multiphysic, is 90 mV, which is half the maximum acceptable DC voltage drop described earlier in this section.

3.1.3.3 C. Master Stage Topology

Figure 3.6 depicts the transistor level view of the proposed master stage topology. It consists of a Programmable Voltage Reference Array (PVRA) that feeds an Operational Transconductance Amplifier (OTA) with a command (V_{REF}) implemented in order to have a good power-supply rejection ratio (PSRR) in addition to good temperature independence. The OTA tracks V_{REF} to ensure stability of V_{OUT0}. The desired output voltage is obtained by supplying the Fast Load Regulation (FLR) with the voltage V_{SET} generated by an NStage Buffer (NB). The objective of this buffer is to isolate the OTA from any noise induced by the load of the connected slave stages.

Considering that the prototyping platform needs to power uIC with standard voltage level, as well as being compatible with the same digital levels, there is little demand for a programmable voltage reference with intermediate levels. Voltages below that of the targeted standard CMOS are not desired as an increase of temperature will slightly increase the regulated voltage, helping to compensate for the IR drops of the power-supply chain. The proposed architecture uses a beta-multiplier architecture to provide a current, I_{REF}, that ideally only depends on transistor parameters. This current is then duplicated into a transistor based array of voltage dividers to provide the required reference standard voltages of 1.0, 1.5, 1.8, 2.0 and 2.5 V [14][15]. Given that the master stage will be instantiated 77824 times, the very low quiescent current and the small silicon area offer an attractive solution to achieve programmability since no PNP parasitic diodes or other large biasing current are needed.

This approach uses two different voltage dividers in order to achieve the targeted references. The first one can be expressed by (3) assuming M14 is saturated, M15 is in triode region and their drain current are equal to I_{REF} generated by M13.

$$V_{REF1} = V_{TH0} + 2\sqrt{\frac{I_{REF}(1+\lambda_2 V_{TH})}{2\beta_{14}}}$$

(3)

The second voltage divider technique cascades two saturated transistors. Assuming drain current I_{D16} equals I_{D17}, the reference voltage can be expressed as (4).

$$V_{REF2} = 2V_{TH} + 2\sqrt{\frac{2I_{REF}}{\beta_{16}(1+\lambda V_{TH})}} \tag{4}$$

The small signal analysis of the current mirror in the first stage of proposed master stage architecture (Figure 3.6) leads to the expression of the output impedance seen looking into the drain of M6 which is mirrored in M13 as:

$$R_{OUT} = \left(\frac{1}{g_{m6}} + \frac{1}{g_{m8}} + \frac{1}{g_{m10}}\right) // \frac{1}{g_{m4}} \tag{5}$$

Equation (7) gives the transconductance g_{m10} from the basic of a beta-multiplier where $V_{gs10} = V_{gs11} + I_{D11}R_1$ and shows the temperature dependence of the output current from the mirror current stage. From Figure 3.6:

$$\sqrt{\frac{2I_{D10}}{\mu_{nCox}\left(\frac{W}{L}\right)_{10}}} = \sqrt{\frac{2I_{D11}}{\mu_{nCox}\left(\frac{W}{L}\right)_{11}}} + I_{D11}R_1 \tag{6}$$

$I_{D10} = I_{D11}$ yields:

$$g_{m10} = \frac{2\left(1 - \sqrt{\frac{(W/L)_{10}}{(W/L)_{11}}}\right)}{R_1} \tag{7}$$

Replacing g_{m10} by its expression in (5), the output impedance becomes:

$$R_{OUT} = \left[\frac{1}{g_{m6}} + \frac{1}{g_{m8}} + \frac{R_1}{2\left(1 - \sqrt{\frac{(W/L)_{10}}{(W/L)_{11}}}\right)}\right] // \frac{1}{g_{m4}} \tag{8}$$

The output impedance R_{OUT} of the current mirror depends on the value of the resistance R_1. Consequently, at high temperature the resistance will decrease (resistivity of semiconductors decreases as the temperature increases), the output current will increase and the effective output voltage will also increase by one third to prevent conductivity variation [16].

$$V_{eff} = \sqrt{\frac{2I_D}{\mu_{nCox}(W/L)}} \qquad (9)$$

Simulation results show that this increase of the effective voltage does not constitute a problem based on the thermal specification of the project as discussed earlier. OTA structure was selected with power consumption and silicon area requirements in mind. The open loop gain and bandwidth are not critical since temperature and process variations are slow, a gain around 40 dB is sufficient [5]. The output, V_{AMP}, is connected to NB and generates an output command, V_{SET}, that swings from 0.5 to 2.5 V which connects the slave stages, forming a Unit-Cell and integrating into the master stage a copy of the FLR used. Considering that all FLR stages are identical, the output voltage at the NanoPad is equal to V_{OUT0}.

A fundamental objective for the master stage is to shield the output from any possible variation. This is done by having a highly stable V_{REF} and by ensuring a very low gain from V_{REF} to V_{OUT0}. The combined gains of the OTA (A_{OTA}), of the NStage Buffer (A_{NB}) and of the FLR (A_{FLR}) give us the total system gain. The according gains are derived in (10) to (12), where g_{mi} is the transconductance gain of a MOS transistor, α is the width ratio between transistor M36 and M38 and r_i the channel resistance of its respective element.

$$A_{OTA} = \alpha * g_{m33}(r_{40}//r_{38}) \qquad (10)$$

$$A_{NB} = g_{m43}(r_{43}//r_{45}) \qquad (11)$$

$$A_{FLR} = g_{m49} \left(r_{48} // r_{49} \right) \qquad\qquad (12)$$

By equalling α to 1 and knowing that the transconductance gain is much smaller than the drain resistance ($g_m \ll r_i$), A_{OTA} is ~1 and A_{NB} and A_{FLR} are quite small (<<1). The overall gain of the system from V_{REF} to V_{OUT0} is accordingly very small, resulting in a good shielding from any variation.

To ensure low-power consumption of all master stages implemented on the wafer, kill switches were added to all described modules, controlled by an ON_MASTER signal. The PRA is put offline by shorting all gates of PMOS transistors connected to power-supply, to 3.3 V. The same approach is used on NB and FLR modules by disconnecting appropriate transistors. The disconnection of the OTA is done by disrupting the biasing current of the differential pair with M12, the gates of M4, M5 and M13 are then shorted to 3.3 V ensuring the complete halt of the OTA. Failure to do this would result in the summation of 77824 times a biasing current of several hundred microamperes.

Figure 3.6

Figure 3.7

3.1.3.4 D. Slave Stage - The CPAD

The proposed Slave stage is shown in Figure 3.8 . It combines several distinctive circuits to fulfill the required functions of the CPAD, all driving a single NanoPad opening when acting as an output: programmable regulator, programmable digital output, variable digital input, contact detection and ground.

The programmable FLR is brought from transistors M51 to M55, where the current is pushed by M53. M52 and M53 act as a super source follower while M54 as a common gate amplifier. The command V_{SET} defines the desired non-inverting output voltage with an additional threshold. When the NanoPad load sinks no current, M53 barely turns on to accommodate the biasing current provided by M55. As the current demand increases, V_{OUT} drops and M54 starts to turn off redirecting the fixed biasing current through M52, which pulls down the gate of M53 to readjust the current demand. When not in operation, the entire regulation can be turned off, reducing the quiescent current to virtually nothing. This is accomplished through the signal OE that shorts the gates of M51 and M54 to the appropriate voltage, placing the output in high impedance and interrupting all other current flows.

The standard CMOS voltage level requirements for regulation and digital output are the same, linking both functions. Moreover, the restricted silicon area suggests the possibility of transistor sharing. Using the programmable voltage regulator to define the input or output voltage levels when configured as a digital IO would results in a significant surface gain. However, the limited capabilities of the regulator, with regard to rising and falling time, are limited due to the size of transistor M53. The suggested architecture to accelerate transition time is shown in Figure 3.8 where the digital IO is enclosed in the regulator. A differential pair is added to boost the response time of the power transistor gate. Transistor M68 was designed to pull down V_{TURBO} to the ground, opening M53 to the fullest to rapidly boost the output. Once V_{OUT} reaches V_{SET}, which is always smaller by a threshold voltage V_{TH}, the differential pair ceases to operate and regulation takes over for the last few millivolts. A custom NAND gate, made with transistors M61 to M66, ensures that this circuit operates with appropriate timing and is disconnected with the ON_IO signal when the IO function is not needed.

Digital input is performed by a single level shifter (M74 to M80) that takes any voltage from 1.0 to 3.3 V, converts it to a clean 1.8 V and propagates it into the WaferIC digital interconnection network. Due to lack of silicon area, the digital input was calibrated to offer a symmetric duty-cycle at 1.8 V only. A more complex solution at higher silicon area consumption to ensure symmetrical signal at any voltage would not be suited for the WaferIC requirements.

Figure 3.8

3.1.3.5 E. Layout of the proposed TestChip

The fabrication of a complete 200 mm Wafer is costly, not only in money but also in development time. Basic principles and feasibility of the WaferNet, programmability via a JTAG link and all CPAD associated functions was tested with a low-cost and quick turnaround solution. A shuttle run with a TestChip several times smaller than the actual full-scale prototyping platform was realized. Figure 3.9 is a microphotograph of the proposed layout of the TestChip consisting of 1024 NanoPads, 64 master stages in an 8×8 square Unit-Cell matrix.

Figure 3.9

3.1.4 Measurement Results

3.1.4.1 A. Embedded regulators DC characteristics

The fast load regulator was designed to achieve a maximum current of over 100 mA per CPAD. Figure 3.10 shows the V/I curve over different DC loads. The layout of the TestChip limits the DC characterization to a maximum current of ~20 mA. As a result, the last metallisation layer is shared with the NanoPads and the output pads of the chip itself. It is important to note that the produced voltages, under a no-load condition, always seem to be slightly higher than the expected value. This is due to the fact that the nominal voltage was chosen to be at a 50 mA current load, half of the maximum current load of the CPAD. The OE signal stops any current source when activated, leaving a very low quiescent current of 5.85 μA.

Figure 3.10

3.1.4.2 B. Embedded regulator transient response to a Load Step

The accurate validation of the regulator requires a transient load with a rising edges of few nanoseconds, which was determined through calibration measurements. Figure 3.11 shows the transient response using an external 10 MHz load clock with a 50 % duty cycle. Rising and falling times were < 8 ns with 20 mA amplitude for the reasons explained earlier. According to Figure 3.11 , the dynamic output impedance is close to 1 Ω, with drops of 1 % of the programmed voltage. Notice that a uIC ball should be in contact with several NanoPads concurrently, ideally 4 or more reducing the output impedance accordingly.

Figure 3.11

3.1.4.3 C. Power Supply Rejection

The fabricated TestChip was tested with a 400 mVpp sinusoidal power supply added to a DC offset of 3.3 V at 1 kHz and 1 MHz, without any decoupling capacitance at V_{DD}. Figure 3.13 and Figure 3.14 show that, even under stressful conditions, the output voltages remain only slightly affected, at about -20 dB power supply rejection for those two frequencies.

Figure 3.12

Figure 3.13

3.1.4.4 D. Embedded Digital IO characteristics

Figure 3.14 shows V_{OUT} when configured as a digital output. These results were obtained by cascading two CPADs, one configured as an input and the second one as an output. The results presented were probed in a test bench with high parasitic capacitance (~nanofarads), which resulted in the impossibility to gather high-speed

53

results such as those suggested in post-layout simulation (~300 MHz). Despite the high-speed incapability of the test configuration, we were able to demonstrate the programmability of the digital interface.

The remaining function of the CPAD, such as the ground, is carried out by a large NMOS transistor (M56). This transistor is turned on by controlling circuitry of M57 to M60, when all other major functions associated with power transistor M53 are not in operation. The CPAD includes contact detection mechanism that allows the user interface software, configuring the WaferIC, to pinpoint all NanoPads connected together when a uIC ball shorts a certain number of pads. This is achieved whit a simple system of weak pull-up and stronger pull-down (M81 to M84) alongside a custom XOR gate (M85 to M92) that would generate an appropriate signal when the inputs of this gate are V_{OUT} and the control signal NA_WT_TPT_0. If two NanoPads are shorted by a uIC ball, applying the pull-up to the first and the pull-down to the second would result in an overall ground which is not the expected value for the first NanoPad. The detection of this contact would result in a digital "0" signalling a short.

Figure 3.14

3.1.4.5 E. Performance Comparisons

The proposed programmable CPAD was implemented in a 180 nm CMOS technology. For a simulated ~110 mA post-layout maximum current rating, the total area for one CPAD is 0.00847 mm^2, where half the area is occupied by the output stages. The master stage requires almost the same area, 0.00726 mm^2. This design does not require any on-chip capacitance; it is meant to work only with parasitic capacitance conveyed by a uIC ball and its power grid (~1 nH, 5 nF). The response time, T_R, is calculated from the required capacitance C_{LOAD} for a specific I_{MAX} and ΔV_{OUT}.

$$T_R = \frac{C_{LOAD} * \Delta V_{OUT}}{I_{MAX}} = \frac{5nF * 22mV}{20mA} = 5.5ns \qquad (13)$$

For the purpose of comparison with other regulators designed with specific application or design goals, such as quiescent current I_Q, decoupling and maximum rating, I_{MAX}, we used a figure of merit, FOM_1, (14). The smaller is the FOM_1, the better is the regulator. According to Tableau 3.3, this work achieves smaller FOM_1 than all others designs.

$$FOM_1 = T_R \frac{I_Q}{I_{MAX}} = 5.5ns * \frac{5.85\mu A}{110mA} = 0.0002925ns \qquad (14)$$

3.1.5 Conclusion

A promising platform to rapidly prototype electronic systems is being developed in our lab. A smart configurable wafer-scale active circuit will allow system designers to manually deposit integrated circuits on its surface and to power and interconnect them altogether. We focus in this paper on the power-supply voltage of this structure, which is fed through a dense grid of Through Silicon Vias (TSVs) combined with an arborescence power-supply topology which allows minimal DC voltage drops. We have demonstrated a Configurable PAD (CPAD) in a 180 nm technology with programmable standard voltage for voltage regulation, as well as for digital output. We achieved a fast response time of 5.5 ns and best FOM, which includes decoupling capacitance, maximum current, quiescent current, response time and output deviation. The proposed pads fulfil other applications, such as ground and contact detection between similar pads. The completed CPAD occupied

0.00847 mm^2 and the master stage 0.00726 mm^2 of silicon area with no integrated capacitors. The 5.85 μA quiescent current makes this CPAD suitable for the WaferIC.

3.1.6 Acknowledgment

The authors thank the Natural Sciences and Engineering Research Council of Canada (NSERC), PROMPT Québec, MITACS and Gestion TechnoCap Inc. for their financial support and CMC Microsystems for providing design tools and support.

3.1.7 References

[1]   E. Lepercq, O. Valorge, Y. Basile-Bellavance, N. Laflamme-Mayer, Y. Blaquière, Y. Savaria, "An Interconnection Network for a Novel Reconfigurable Circuit Board", The 2nd MNRC Conference, Ottawa, Canada, October 13-14, 2009, pp. 53-56.

[2]   R. Norman, O. Valorge, Y. Blaquière, E. Lepercq, Y. Basile-Bellavance, Y. El-Alaoui, R. Prytula and Y. Savaria, "An Active Reconfigurable *Wafer-Scale Circuit Board"* the *Joint IEEE NEWCAS and TAISA* Conference, Montreal, Canada, June 22-25, 2008, pp.351-354.

[3]   Xilinx Corporation, "Virtex-6 FPGA Data Sheet: DC and Switching Characteristics", ug152 v2.9, September 2010.

[4]   Diop D.M., et al., "Annular Through Silicon Vias (TSV) Electrical Characterization for a Reconfigurable Wafer-sized Circuit Board", IEEE 19th Conference on Electrical Performance of Electronic Packaging ans System (EPEPS), Austin, Texas, 22 Novembre 2010.

56

[5]   P.Hazucha, T. Karnik, B.A. Bloechel, C. Parsons, D. Finan, S. Borkar, "Area-Efficient Linear Regulator With Ultra-Fast Load Regulation", IEEE Journal of solid-state circuits, Vol. 40, No. 4, April 2005, pp.933-940.

[6]   R.J. Milliken, J.Silvia-Marinez, E. Sanchez-Sinencion, "Full On-Chip CMOS Low-Dropout Voltage Regulator", IEEE Transactions on Circuits and Systems I: Regular Paper, Vol.54, No.9, September 2007, pp.1879-1890.

[7]   M. Al-Shyoukh, H. Lee, R. Perez, "A Transient-Enhanced Low-Quiescent Current Low-Dropout Regulator With Buffer Impedance Attenuation", IEEE Journal of Solid State Circuits, Vol.42, No.8, August 2007, pp.1732-1742.

[8]   K.N. Leung, Y.S Ng, "A CMOS Low-Dropout Regulator With a Momentarily Current-Boosting Voltage Buffer", IEEE Transactions on Circuits and Systems I: Regular Paper, Vol. 57, No. 9, September 2010, pp. 2312-2319.

[9]   O. Trescases, A. Prodié, W.T. Ng, "Digitally Controlled Current-Mode DC-DC Converter IC", IEEE Transactions on Circuits and Systems I: Regular Paper, Vol. 58, No. 1, January 2011, pp.219-231.

[10]   K. Zhang, J-M. Guo, M. Kong, W-H. Li, "A Programmable CMOS Voltage Reference Based on a Proportional Summing Circuit", ICASIC Conference, Guilin, China, October 22-25, 2007, pp.534-537.

[11]   Y. Jiang, E.K.F Lee, "Design of a Low-Voltage Bandgap Reference Using Transimpedance Amplifier", IEEE Transactions on Circuits and Systems II: Analog and Digital Signal Processing, Vol.47, No. 6, June 2000, pp.552-555.

[12]   G. Esch Jr., T. Chen, "Design of CMOS IO Drivers with Less Sensitivity to Process, Voltage and Temperature Variations", Proceedings of the Second IEEE International Workshop on Electronic Design, Test and Applications (DELTA), New-Zealand, January 28-30, 2004, pp.312-317.

[13]   Kan D., "Multiphysics Simulation Software," COMSOL Multiphysics, Copyright 2008, online documentation: http://www.comsol.com/shared/downloads/multiphysics_white_paper.pdf.

[14]   R.J Baker, "CMOS Circuit Design, Layout and Simulation" second edition, Wiley-Interscience, 2005, pp. 624-625.

[15]   N. Laflamme-Mayer, O. Valorge, Y. Blaquière, M. Sawan, "A Low-Power, Small-Area Voltage Reference Array for a Wafer-Scale Prototyping Platform", 8th International IEEE Newcas Conference, pp. 189-192, June 20-23, 2010, Montreal, Canada.

[16]   D.A. Johns, K. Martin, "Analog Integrated Circuit Design", Wiley, 1996, pp. 137-139.

3.1.8 Figures

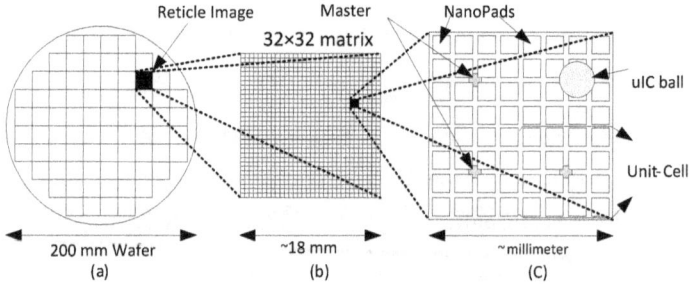

Figure 3.1 Hierarchical view of the WaferIC^{TM}.

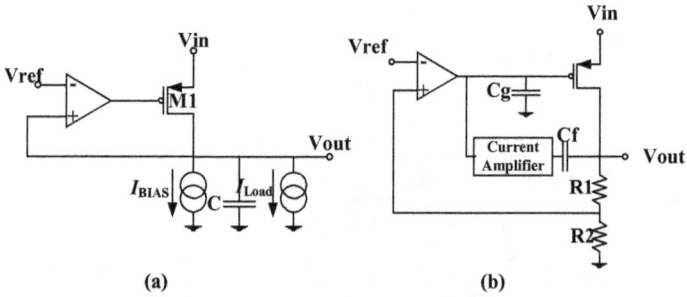

Figure 3.2 Main voltage regulator topologies: (a) A common-source driver low-dropout circuit [4]. (b) LDO topology including a differentiator for fast transient path [6].

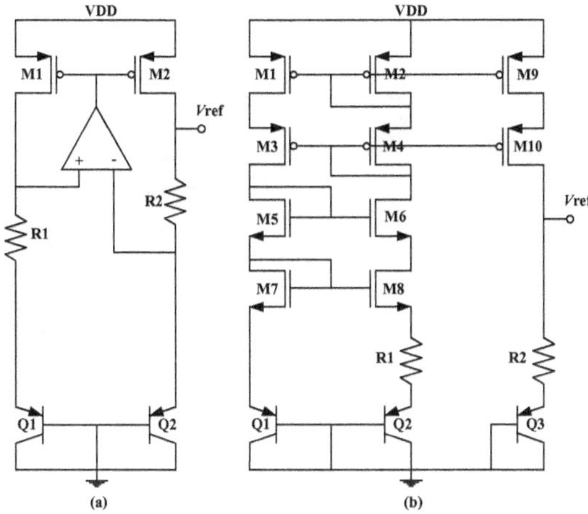

Figure 3.3 Typical Bandgap voltage references using parasitic diodes combine with (a) an operational amplifier (b) a PTAT and CTAT generation [11].

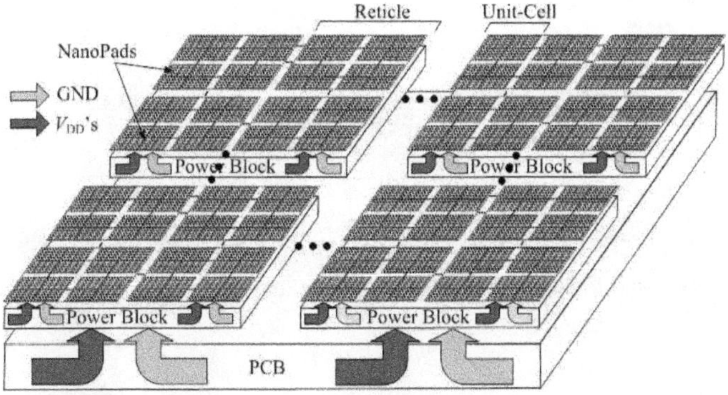

Figure 3.4 Power-Supply arborescence of the WaferIC^{TM}.

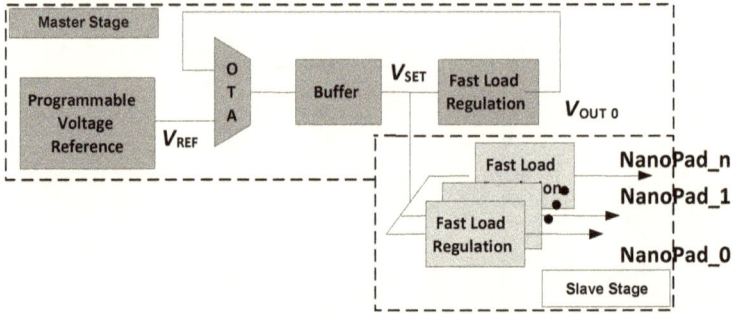

Figure 3.5 The Master-Slave topology used in the wafer-scale prototyping platform [5].

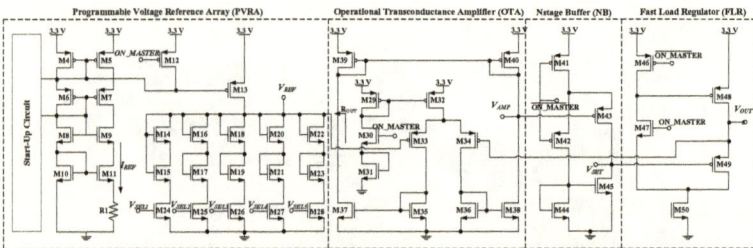

Figure 3.6 Proposed Master Stage architecture, transistor level

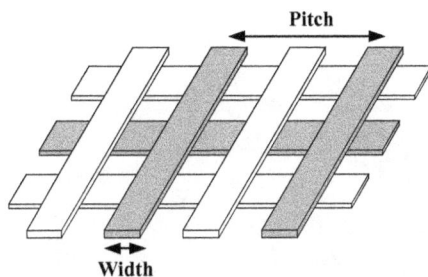

Figure 3.7   Typical Digital IC Power Grid. Line in grey are power and the ground is represented in white.

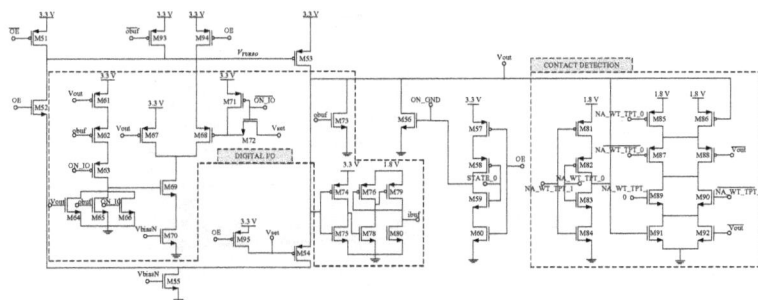

Figure 3.8   Transistor level of the proposed slave-stage architecture

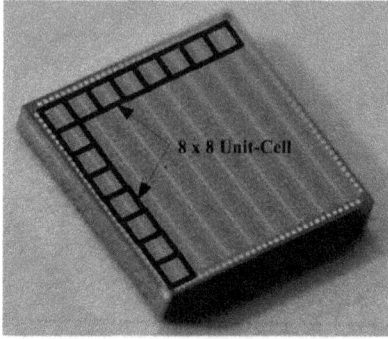

Figure 3.9   Microphotograph of the fabricated TestChip for a 8×8 Unit-Cells.

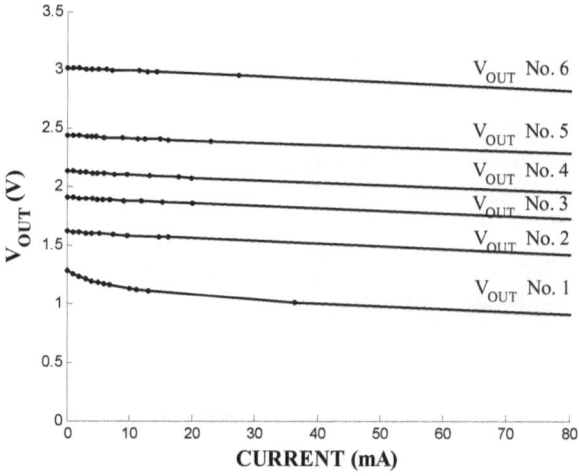

Figure 3.10   V/I DC Characterization for a NanoPad.

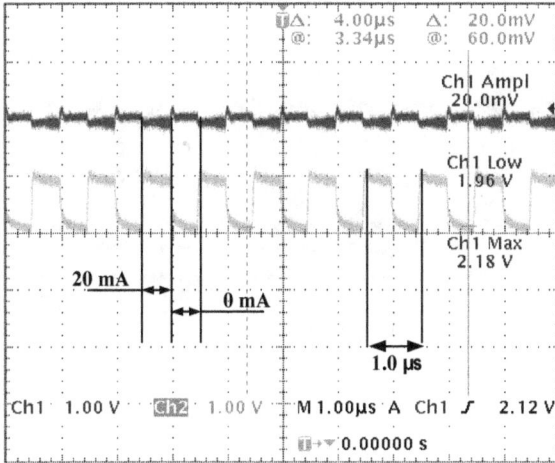

Figure 3.11 Measured response to a load of 20 mA at 1MHz.

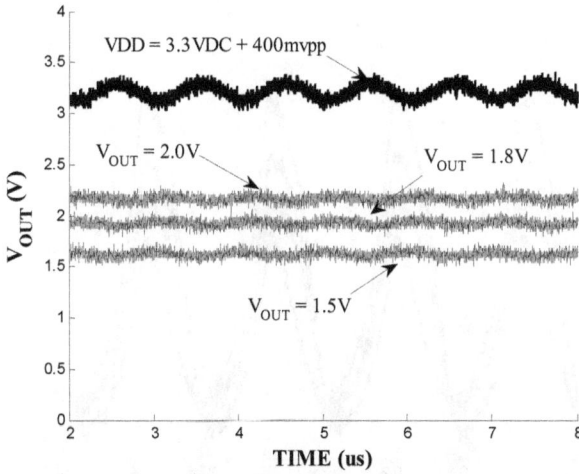

Figure 3.12 Measured PSR at 1MHz with a 3.3VDC + 400mVpp

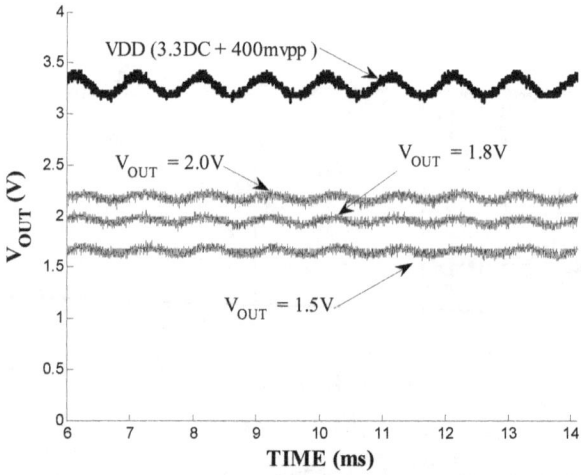

Figure 3.13 Measured PSR at 1kHz with a 3.3VDC + 400mVpp

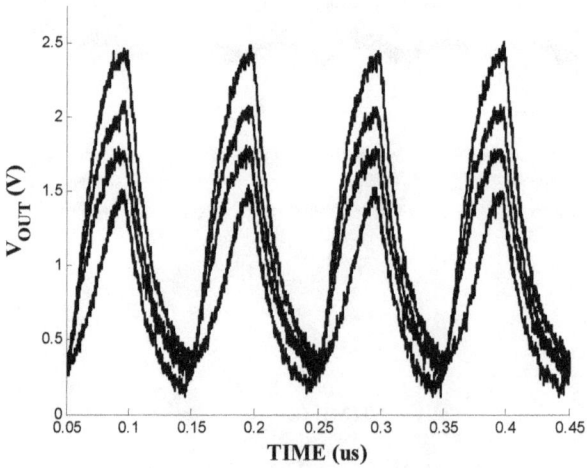

Figure 3.14 Measured programmable I/O at 10 MHz with a 4 mA drive.

3.1.9 Tables

Tableau 3.1 Summary of WaferIC and WaferBoard Requirements

	Number	Max current Voltages	Area (mm^2)	Particularities
NanoPad (NP)	16/UC	100 mA 0.0 to 3.3 V	0.00847	uIC Ball
Unit-Cell (UC)	1024/RI	200 mA 3.3,1.8,0.0 V	0.3136	4×4 NP
Reticle Image (RI)	76/WIC	5 A 3.3,1.8,0.0 V	321.1264	32×32 UC
WaferIC (WIC)	-	380 A 3.3,1.8,0.0 V	24405.61	WaferNet CPAD
WaferBoard (WB)	-	380 A 12 V	-	Software/WIC

Tableau 3.2 Equivalent Resistance of On-Silicon Metal Grid

	TSV Density	Wire Density (width/pitch)	Equivalent Resistance
Simulation 1	0.5/mm^2	6 μm/30 μm	220 mΩ
Simulation 2	0.25/mm^2	6 μm /30 μm	257 mΩ
Simulation 3	1/mm^2	6 μm /30 μm	126.7 mΩ

Tableau 3.3 Performance Comparison With Previously Published Low-Dropout
Linear Regulator

	[5]	[6]	This Work
Year	2004	2007	2010
Technology [μm]	0.09	0.35	0.18
V_{IN} [V]	1.2	3.0	3.3
V_{OUT} [V]	0.9	2.8	1.0-1.5-1.8-2.0-2.5-3.0
I_{MAX} [mA]	100	50	110
I_Q [mA]	6	0.065	0.005
ΔV_{OUT} [mV]	90	200	110
Response time T_R [μs]	0.00054	15	0.0055
Decoupling C [μF]	0.00060	0.00010	0.0050
FOM_1 [ns]	0.032	0.00052	0.0002925

CHAPITRE 4   DISCUSSION GÉNÉRALE

Cette section traite des diverses limitations observées ainsi que des traitements supplémentaires qui ont été exécutés afin d'être en mesure de tester et de caractériser le circuit de test implémenté.

4.1 Discussion sur l'ensemble de l'ouvrage

L'objectif premier de ce mémoire est d'implémenter un plot configurable à l'échelle de la tranche dédié à une plateforme de prototypage de systèmes numériques. Le dit plot doit pouvoir être configuré en alimentation régulée pour des voltages typiques tels que 1.0, 1.5, 1.8, 2.0 2.5 et 3.3 V, en entrées/sorties numériques pour les mêmes niveaux de tension ainsi qu'inclure une circuiterie de détection de contact et une masse. Cette conception a été l'étape logique suivant une revue de littérature critique et l'adaptation de celle-ci afin de combler tous les besoins et requis de ce projet. L'implémentation a ensuite été exécutée à l'aide d'une technologie 180 nm de la fonderie TowerJazz situé en Israël. Une étape supplémentaire a dû être exécutée afin de corriger un problème de connexion d'alimentation qui n'a pu être décelé avant la fabrication. La correction de cette anomalie a été possible grâce à une microchirurgie au niveau de la puce à l'aide d'une technologie disponible de faisceaux d'ions focalisés "Focus Ion Beam (FIB)".

Les résultats obtenus, une fois les corrections apportées à la puce, démontrent que le régulateur linéaire est fonctionnel pour tous les niveaux de tension désirés. Que chacun d'entre eux fournissent le courant qui était attendu soit plus de 110 mA et offre une impédance dynamique suffisamment basse pour effectuer une bonne régulation. Le tout sans aucune capacité de découplage. Il a également été démontré que les plots d'entrées/sorties numériques sont fonctionnels dans les deux directions.

4.2 Erreurs et imperfections des puces fabriquées

Malgré le fonctionnement apparent des circuits fabriqués, quelques petits erreurs et accros ont quand même été soulevés. Tout d'abord l'échéancier très serré a été responsable de la grave omission de l'alimentation sur tous les étages maîtres de la puce fabriquée. Une seconde erreur, de spécifications cette fois-ci, rend les E/S des plots configurables unidirectionnels, ne pouvant basculer d'entrée à sortie qu'à une fréquence maximale d'environ 150 Hz. Ceci est du au fait que les transistors servant à placer la sortie en haute impédance (entrée numérique) sont très larges donc très capacitifs et que la logique associée à la bidirectionnalité sont de taille quasi minimale. Des étages tampons de taille croissante auraient dus être ajoutés afin de permettre la commutation rapide de ce dernier. Une première limitation rencontrée est un résultat en fréquence ne dépassent pas 10 MHz sur ces mêmes E/S. Cela peut s'expliquer par le fait que le montage de test utilisé, un circuit-imprimé simple ainsi qu'une plaquette de montage où le design ne tient pas compte des capacités parasites, ce qui dégrade fortement la bande passante de la sortie.

Les tests effectués afin de configurer le plot en masse de 0 V ont échoués. Il a été découvert que l'activation de cette fonction créait un court-circuit direct avec l'alimentation dû à une inversion dans la logique de contrôle. Cependant, cette fonction a quand même pue être validée puisque les transistors constituant la masse sont beaucoup plus nombreux et volumineux que ceux fournissant la puissance. Un niveau de tension quasi nul a donc quand même pu être observé puisque la masse absorbait toute la puissance fournit par un NanoPad en court-circuit.

Une dernière limitation provient d'un choix qui a été effectué lors du design lui-même de la puce. La puce fabriquée était une preuve de faisabilité pour la fabrication d'une tranche de silicium complète avec un procédé de fabrication de 7 couches de métallisation. Cependant pour des raisons économiques uniquement 6 couches ont été utilisées sur la puce de test. Le dernier métal disponible, le métal 6, a donc du être partagé entre les plots d'entrées et sorties de la puce elle-même (NanoPads) ainsi que les grilles d'alimentation de 1.8 et 3.3 V ainsi que la masse. Le courant maximal DC pouvant donc circuler dans les plots de la puce s'en est donc retrouvé limité à environ 20 mA du à l'étroitesse des lignes de métal intégrées.

CONCLUSION

Cette dernière section de ce mémoire se veut une récapitulation du travail et des résultats obtenus lors de l'exécution de ce projet. Les expériences acquises tout au long de ces travaux permettent l'émission de plusieurs recommandations et améliorations qui porteraient ce projet à un niveau supérieur pour sa continuation.

Récapitulation des travaux

Le projet dont fait l'objet de ce mémoire consiste en l'implémentation d'un plot configurable, intégré à l'échelle de la tranche, réalisant un réseau de distribution de puissance ainsi que d'autres fonctions associées telles qu'une entrée-sortie numérique, une masse et une circuiterie de détection de contact, le tout destiné à une plateforme de prototypage de systèmes numériques. Aucune étude semblable n'a pu être relatée mais plusieurs topologies différentes pour chacune des parties sensibles de ce projet ont été bien étudiées, en parlant des régulateurs linéaires, des références de tensions configurables ainsi que des entrées-sorties numériques. Une architecture maître-esclave fut retenue pour sa très grande compatibilité avec un système s'intégrant au niveau d'une tranche complète de silicium. Une nouvelle topologie pour un plot configurable offrant toute la gamme des fonctions nécessaires a été proposée et implémentée en technologie CMOS 180 nm et testée en laboratoire. Le choix de ce design en particulier a été grandement axé sur la faible consommation de puissance statique ainsi que la faible surface de silicium nécessaire à sa fabrication.

Il a été démontré expérimentalement que le circuit fabriqué est fonctionnel, après une chirurgie pour reconnecter l'alimentation des étages maître, et offre la quasi-totalité des fonctions désirées à l'exception d'une erreur de logique de contrôle pour l'activation de la masse et de la testabilité de l'E/S à haute fréquence. Des résultats plus poussés n'étaient possibles pour plusieurs raisons dont le choix du design de la puce qui limite le courant le sortie maximal ainsi que l'implémentation du banc d'essai dégradant les essais à plus hautes fréquences.

Les contributions de ce mémoire sont l'intégration de plusieurs fonctions en une seule sortie unique, l'intégration de toute la circuiterie d'un NanoPad dans une surface de silicium très restreinte pour un niveau de consommation de courant statique très réduit, sans oublier la référence de tension configurable ne consommant qu'un courant statique très faible et n'occupant qu'une surface de silicium de plusieurs ordres de grandeur moindre qu'un « BandGap » typique.

Recommandations pour de futurs travaux

À la suite de l'expérience acquise dans l'exécution de ce projet, plusieurs recommandations peuvent être émises afin de mieux répondre aux objectifs de départ ou bien d'y parvenir de manière plus efficace.

Tout d'abord, puisque le plot configurable utilise un régulateur de tension linéaire, d'énormes pertes ohmiques surviennent lorsqu'une tension basse est configurée. En effet, pour une tension de 1.8 V près de 45 % de la puissance doit être dissipé dans les transistors de puissances afin d'abaisser la tension de la grille d'alimentation. En intégrant ce problème à l'échelle d'une tranche de silicium complète comprenant une grande quantité de ces régulateurs, les pertes peuvent devenir colossales. Puisque le système au départ dispose également d'une alimentation de 1.8 V, un système de régulation à deux grilles pourrait être utilisé. La programmation de tensions plus basses bénéficierait de pertes en chaleur moins importantes, donc un rendement énergétique plus efficace.

Un second ajout mis à part la correction des erreurs détectées serait de rendre les entrées-sorties numérique totalement bidirectionnelles en ajoutant des tampons d'entrées pour adapter la grande charge capacitive des transistors responsables de cette fonction. Un autre ajout concernant également les entrées-sorties numériques serait de rendre l'entrée et la sortie symétrique, en parlant des temps de montée et de descente du signal. Puisque le plot peut accepter tous les niveaux de tension de 1.0 à 3.3 V, l'utilisation d'un simple redresseur de tension est insuffisante pour y parvenir. Un système configurable pourrait être implémenté pour s'adapter au type d'entrée et ainsi offrir une meilleure symétrie.

Une dernière recommandation concerne les différents niveaux de tension configurable. Des investigations devraient être menées afin d'améliorer la référence de tension pour ainsi la rendre configurable par petits incréments et ainsi bénéficier d'une grande gamme de références possibles. L'exercice n'est pas simple compte tenu des grandes restrictions de taille et de courant imposées par le projet en lui-même.

RÉFÉRENCES

AGARWAL, A., & MANDAVILLI, S. (2009). Variable Voltage Reference using Feedback Control Technique. *ASQED 1st Asia Symposium on Quality Electronic Design*, (pp. 347-351). Kuala Lumpur.

AL-SHYOUKH, M., LEE, H., & PEREZ, R. (2007). A Transient-Enhanced Low Quiescent Current Low-Dropout Regulator With Buffer Impedance Attenuation. *IEEE Journal of Solid State Circuits I, Vol42, No.8* , 1732-1742.

BAKER, R. (2005). *CMOS Circuit Design, Layout, and Simulation second edition.* Piscataway: IEEE Press Series on Microelectronics Systems .

BURNS, J., AULL, B., CHEN, C., CHEN, C.-L., KEAST, C., KNECHT, J., ET AL. (2006). A Wafer-Scale 3-D Circuit Integration Technology. *IEEE Transactions on Electron Devices, Vol.53, No.10* , 2507-2516.

CHUNG, W.-Y., CHUANG, C.-C., & CHEN, T.-T. (2006). A Wide-Range and High PSRR CMOS Voltage Reference for Implatable Device. *IEEE Asia Pacific Conference on Circuits and Systems*, (pp. 482-485). Singapore.

ENDOH, T., SUNAGA, K., SAKURABA, H., & MASUOKA, F. (2001). An On-Chip 96.5% Current Efficiency CMOS Linear Regulator Using a Flexible Control Technique of Output Current. *IEEE Journal of Solid-State Circuits, Vol.36, No.1* , 34-38.

ESCH JR., G., & CHEN, T. (2004). Design of CMOS IO Drivers with Less Sensitivity to Process, Voltages and Temperature Variations. *The Second IEEE International Workshop on Electronic Design, Test and Applications (DELTA)*, (pp. 312-317). New-Zealand.

74

GIUSTOLISI, G., & PALUMBO, G. (2003). A Detailed Analysis of Power-Supply Noise Attenuation in Bandgap Voltage Reference. *IEEE Transactions on Circuits and Systems I: Fundamental Theory and Applications, Vol.50, No.2* , 185-197.

HAZUCHA, P., KARNIK, T., BLOECHEL, B. A., PARSONS, C., FINAN, D., & BORKAR, S. (2005). Area-Efficient Linear Regulator With Ultra-Fast Load Regulation. *IEEE Journal of Solid-State Circuit* , 933-940.

JIANG, Y., & LEE, E. (2000). Design of Low-Voltage Bandgap Reference Using Transimpedance Amplifier. *IEEE Transaction on Circuits and Systems II- Vol.47, No.6* , 552-555.

JOHNS, D. A., & MARTIN, K. (1997). *Analog Integrated Circuit Desing.* Toronto: John Wiley & Sons, Inc.

KANNAN, P. (2007). Fundamental Blocks of Single Ended LVCMOS Buffer- A Circuit Level Design. *18th European Conference on Theory and Design*, (pp. 392-395). Seville.

KENNYDY, G., & RINNE, K. (2005). A Programmable BandGap Voltage Reference CMOS ASIC for Switching Power Converter Integrated Digital Controllers. *PESC conference*, (pp. 523-529).

KHAN, Q., & DUTTA, D. (2003). A Programmable CMOS Bandgap Voltage Reference Circuit Using Current Conveyor. *10th IEEE International Conference on Electronics, Circuits and Systems*, (pp. 8-11). Sharjah.

LAFLAMME-MAYER, N., VALORGE, O., BLAQUIÈRE, Y., & SAWAN, M. (2010). A Low-Power, Small-Area Voltage Reference Array for a Wafer-Scale Prototyping Platform. *8th IEEE NEWCAS*, (pp. 210-214). Montreal.

LAU, S., MOK, P., & LEUNG, K. (2007). A Low-Dropout Regulator for SoC With Q-Reduction. *IEEE Journal of Solid-State Circuits, Vol.42, No.3* , 658-664.

LEIGHTON, T., & LEISERSON, C. (1985). Wafer-Scale Integration of Systolic Arrays. *IEEE Transactions on Computers, Vol.c-34, No.5* , 448-460.

LIMA, F., GERALDES, A., MARQUES, T., RAMALHO, J., & CASIMIRO, P. (2003). Embedded CMOS Distributed Voltage Regulator for Large Core Loads. *29th European Solid-State Circuits Conference, ESSCIRC*, (pp. 521-524). Estoril.

MILLIKEN, R., SILVIA-MARINEZ, J., & SANCHEZ-SINENCION, E. (2007). Full On-Chip CMOS Low-Dropout Voltage Regulator. *IEEE Transaction on Circuits and Systems I: Vol.54, No.9* , 1879-1890.

NORMAN, R., VALORGE, O., BLAQUIÈRE, Y., LEPERCQ, É., BASILE-BELLAVANCE, Y., EL-ALAOUI, Y., et al. (2008). An Active Reconfigurable Wafer-Scale Circuit Board. *the Joint IEEE NEWCAS and TAISA Conference*, (pp. 351-354). Montreal.

RAMOS, F., CALDEIRA, L., & PIMENTA, T. (2007). A Multi-Voltage Reference Source. *Electronics, Robotics and Automotive Mechanics Conference, CERMA*, (pp. 657-662). Mexico.

RINCON-MORA, G., & ALLEN, P. (1998). A Low-Voltage, Low Quiescent Current, Low Drop-Out Regulator. *IEEE Journal of Solid-State Circuits, Vol.33, No.1* , 36-44.

SAHU, B., & RINCON-MORA, G. (2004). A Low Voltage, Dynamic, Noninverting, Synchronous Buck-Boost Converter for Portable Applications. *IEEE Transactions on Power Electronics, Vol.19, No.2* , 443-452.

SHIZHEN, H., WEI, L., WANGSHENG, C., WEIMING, L., & PEIMIN, L. (2008). A Design of High PSRR CMOS Voltage Reference Based on Subthreshold MOSFETs. *3rd IEEE Conference on Industrial Electronics and Applications, ICIEA*, (pp. 2495-2498). Singapore.

STAVEREN, A., VERHOEVEN, C., & ROERMUND, A. (1996). Design of Low-Noise Bandgap References. *IEEE Transactions on Circuits and Systems I: Fundamental Theory and Applications, Vol.43, No.4* , 290-300.

THAM, K.-M., & NAGARAJ, K. (1995). A Low Supply Voltage High PSRR Voltage Reference in CMOS Process. *IEEE Journal of Solid-State Circuits, Vol.20, No.5* , 586-590.

VALORGE, O., NGUYEN, A. T., BLAQUIÈRE, Y., NORMAN, R., & SAVARIA, Y. (2008). Digital Signal Progpagation on a Wafer-Scale Smart Active Programmable Interconnect. *ICECS Conference.* Malta: 1059-1062.

WEI, G.-Y., & HOROWITZ, M. (1999). A Fully Digital, Energy-Efficient Adaptive Power-Supply Regulator. *IEEE Journal of Solid-State Circuits, Vol.34, No. 4* , 520-528.

WENG, R.-M., HSU, X.-R., & KUO, Y.-F. (2005). A 1.8- V High-Precision Compensated CMOS Bandgap Reference. *IEEE Conference on Electron Devices ans Solid-State Circuits*, (pp. 271-273). Hong-Kong.

YAMU, H., & SAWAN, M. (2003). A 900 mv 25 uW High PSRR CMOS Voltage Reference Dedicated to Implatable Micro-Devices. *International Symposium on Circuits ans Systems, ISCAS*, (pp. 373-376). Bangkok.

ZHAN, C., & KI, W.-H. (2010). Output-Capacitor-Free Adaptivively Biased Low-Dropout Regulator for System-on-Chips. *IEEE Transactions On Circuits and Systems-I, Vol.57, No.5* , 1017-1028.

ZHANG, K., GUO, J.-M., KONG, M., & LI, W.-H. (2007). A Programmable CMOS Voltage Reference Based on a Proportional Summing Circuit. *ASICON 7th International Conference on ASIC*, (pp. 534-537). Guilin.

ZHOU, S., & RINCON-MORA, G. (2006). A High Efficiency, Soft Switching DC-DC Converter With Adaptive Current-Ripple Control for Portable Applications. *IEEE Transactions on Circuits ans Systems II: Express Briefs, Vol.53, No.4* , 319-323.

ANNEXE I – SCHÉMA ET DESSIN DES MASQUES DU TESTCHIP D'UNE MATRICE DE 8×8 CELLULES-UNITAIRES

I.1 Vue d'ensemble de la puce

Figure I.1   Dessin des masques du testchip complet comprenant une matrice de 8×8 Cellules-Unitaires utilisant une technologie CMOS 180 nm possédant 6 couches de métallisation mesurant 5 mm×5 mm.

I.2 L'étage Maître

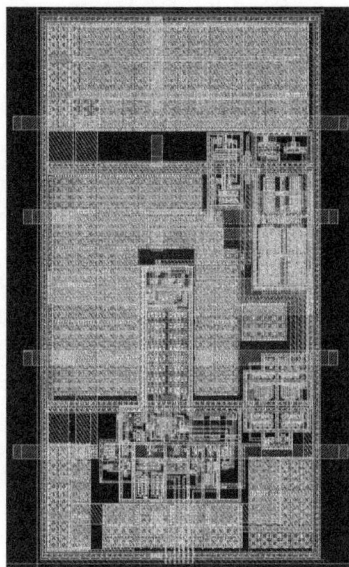

Figure I.2   Vue d'ensemble des dessins des masques de l'étage maître instancié 64 fois dans le testchip.

I.3 L'amplificateur en transconductance (OTA)

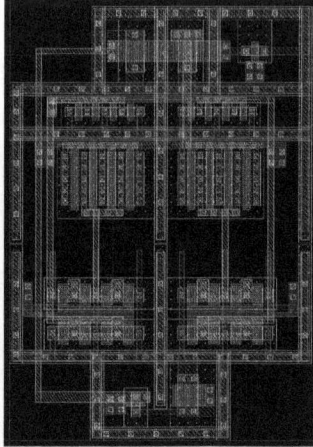

Figure I.3 Dessins des masques de l'amplificateur en transconductance (OTA)

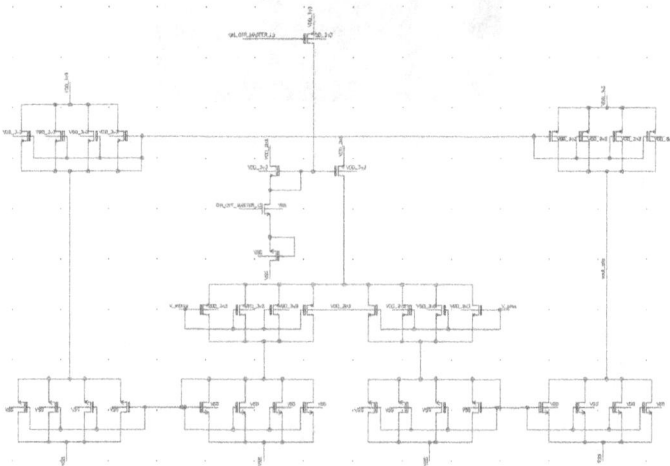

Figure I.4 Schéma de l'amplificateur en transconductance (OTA)

I.4 Étage tampon à transistors NMOS et générateur de la tension VSET

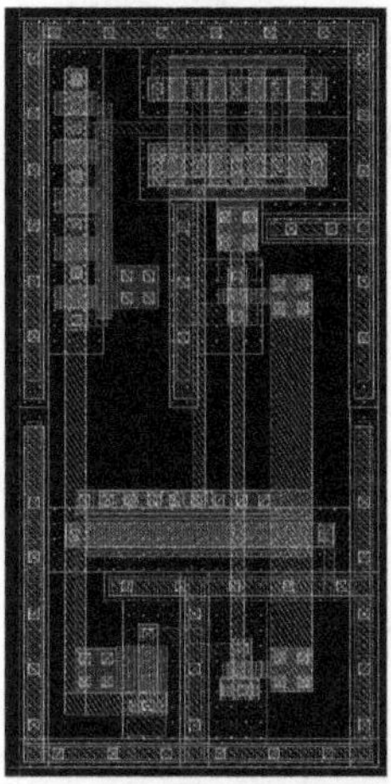

Figure I.5 Dessins des masques de l'étage tampon à transistors NMOS et générateur de la tension V_{SET}

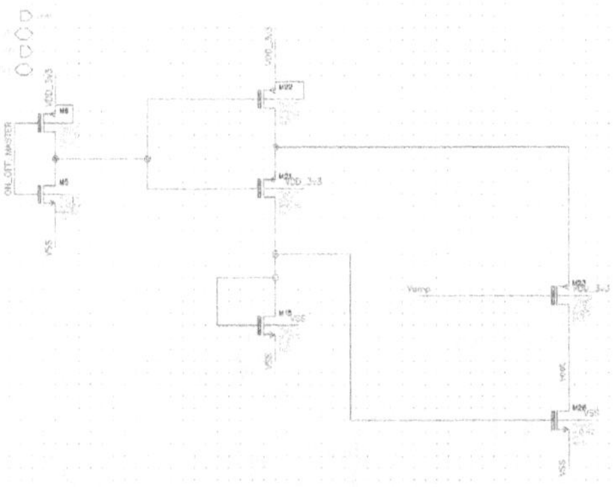

Figure I.6 Schéma de l'étage tampon à transistors NMOS et générateur de la tension V_{SET}

82

I.5 Duplicata de l'étage de puissance utilisé dans l'étage Esclave

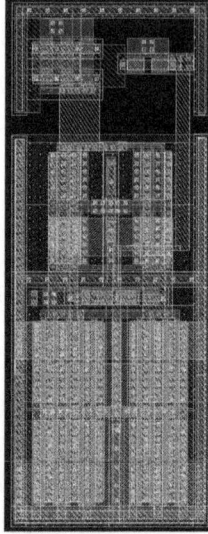

Figure I.7   Dessins des masques de l'étage de puissance utilisé dans l'étage Esclave.

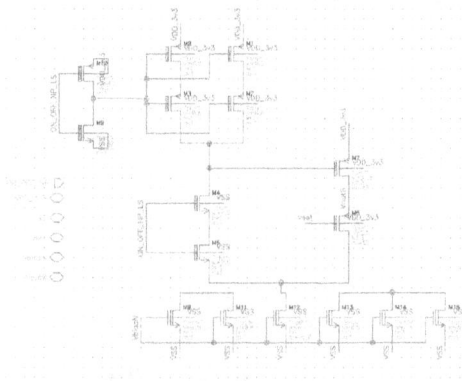

Figure I.8   Schéma de l'étage de puissance utilisé dans l'étage Esclave.

I.6 Référence de tension programmable

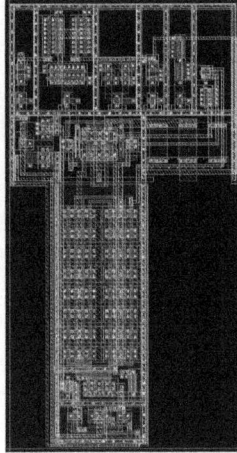

Figure I.9   Dessins des masques de la référence de tension programmable.

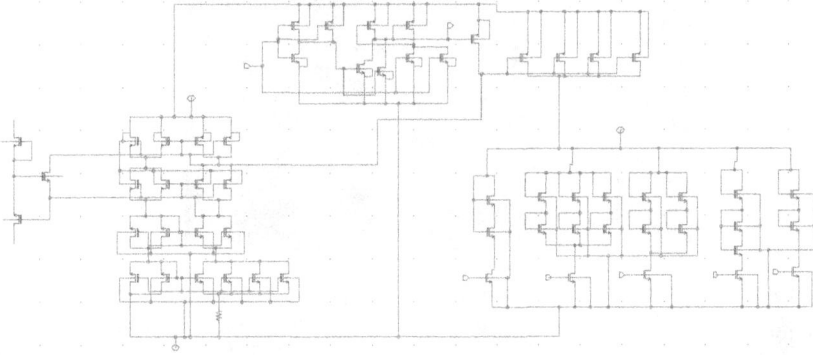

Figure I.10   Schéma de la référence de tension programmable.

I.7 Vue d'ensemble de l'étage esclave

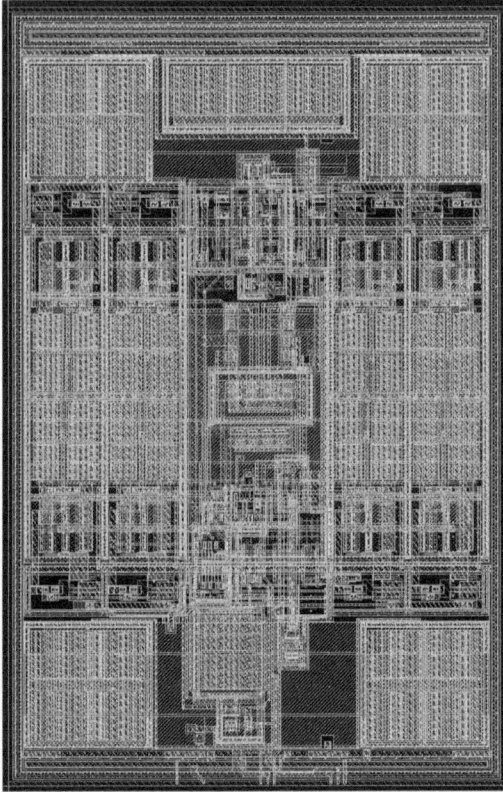

Figure I.11 Vue d'ensemble des dessins des masques de l'étage esclave instancié 1024 fois.

I.8   Module unitaire de l'étage de puissance

Figure I.12   Dessins des masques d'un module unitaire de l'étage de puissance.

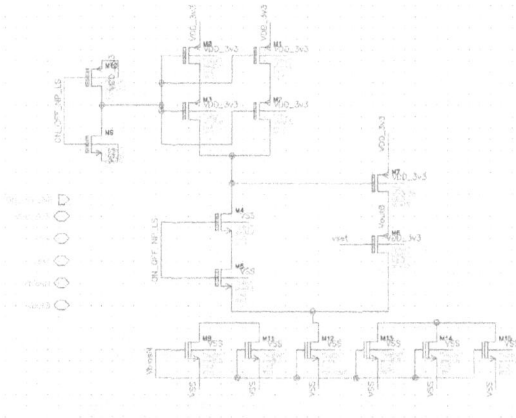

Figure I.13   Schéma d'un module unitaire de l'étage de puissance.

I.9   Module accélérateur de la sortie numérique programmable

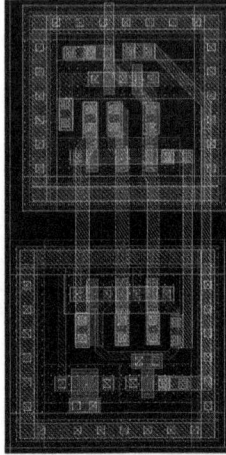

Figure I.14 Dessins des masques du module accélérateur de la sortie numérique programmable.

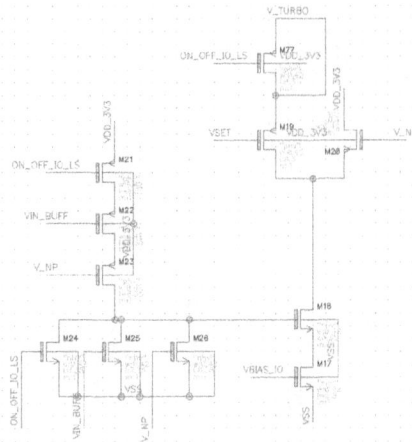

Figure I.15   Schéma du module accélérateur de la sortie numérique programmable.

I.10 Module tampon de la sortie numérique programmable

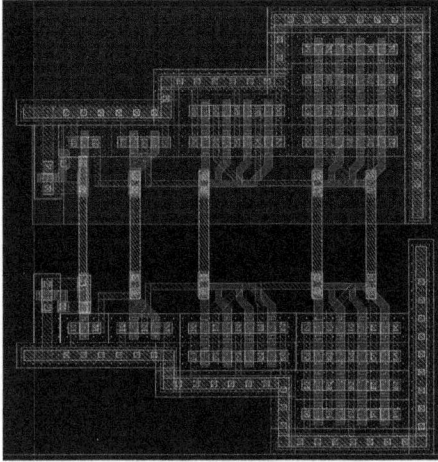

Figure I.16 Dessins des masques du module tampon de la sortie numérique programmable.

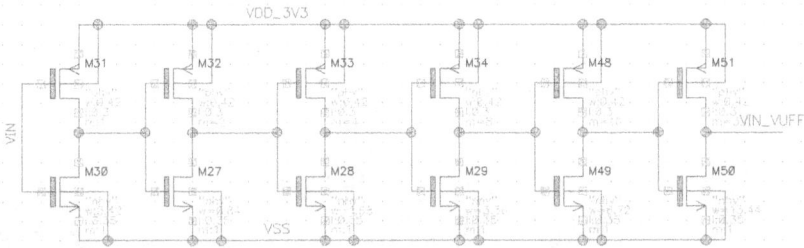

Figure I.17 Schéma du module tampon de la sortie numérique programmable.

88

I.11 Élévateur/Réducteur de tension pour l'entrée numérique

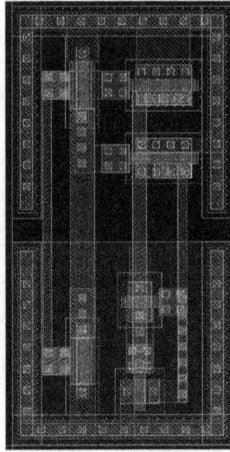

Figure I.18 Dessins des masques de l'élévateur/réducteur de tension pour l'entrée numérique.

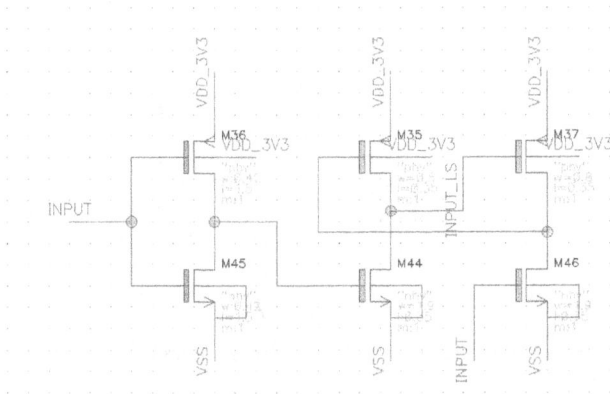

Figure I.19 Schéma de l'élévateur/réducteur de tension pour l'entrée numérique.

ANNEXE II – TABLEAUX DES ENTRÉES DE LA PUCE POUR LES DIFFÉRENTS TYPES DE PROGRAMMATION JTAG

II.1 Programmations des modes de puissance

Figure II.1   Valeurs à appliquer sur les entrées du testchip pour programmer les cellules (0,7)(3,7)(0,3)(7,0) en mode puissance pour 1.0V.

90

Figure II.2   Valeurs à appliquer sur les entrées du testchip pour programmer les cellules (0,7)(3,7)(0,3)(7,0) en mode puissance pour 1.5V.

Figure II.3   Valeurs à appliquer sur les entrées du testchip pour programmer les cellules (0,7)(3,7)(0,3)(7,0) en mode puissance pour 1.8V.

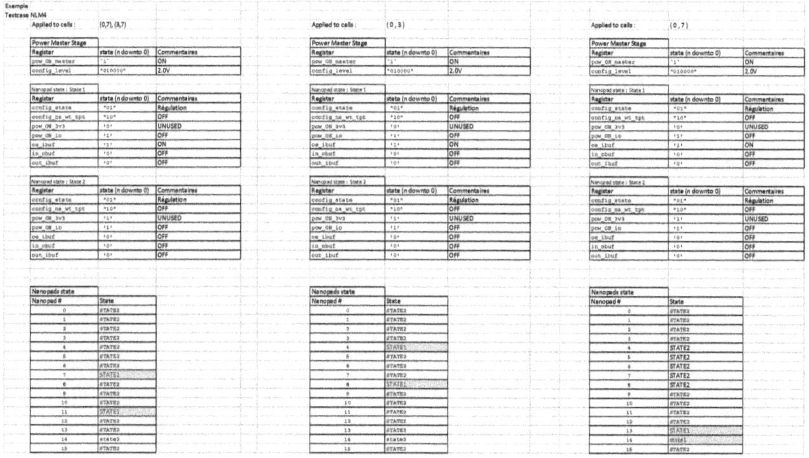

Exemple
Testcase NLM4

Figure II.4 Valeurs à appliquer sur les entrées du testchip pour programmer les cellules (0,7)(3,7)(0,3)(7,0) en mode puissance pour 2.0V.

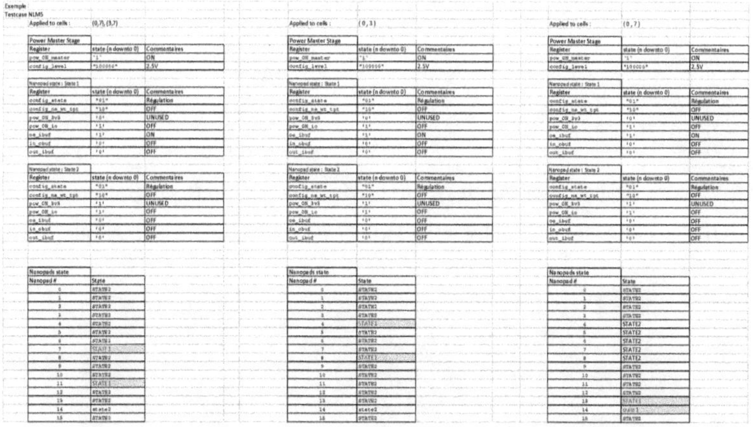

Exemple
Testcase NLM5

Figure II.5 Valeurs à appliquer sur les entrées du testchip pour programmer les cellules (0,7)(3,7)(0,3)(7,0) en mode puissance pour 2.5V.

II.2 Programmation des modes Entrée/sortie numérique

Exemple							
Testcase NLM6	MODE IO						
Applied to cells :	(0,0)			Applied to cells :	(0,1),(0,2)		

Power Master Stage				Power Master Stage		
Register	state (n downto 0)	Commentaires		Register	state (n downto 0)	Commentaires
pow_ON_master	'1'	ON		pow_ON_master	'1'	ON
config_level	"000010"	1.0V sur l'IO de sortie		config_level	"000010"	1.0V sur l'IO de sortie

Nanopad state : State 1				Nanopad state : State 1		
Register	state (n downto 0)	Commentaires		Register	state (n downto 0)	Commentaires
config_state	"01"	Régulation		config_state	"01"	Régulation
config_na_wt_tpt	"10"	OFF		config_na_wt_tpt	"10"	OFF
pow_ON_3v3	'0'	UNUSED		pow_ON_3v3	'0'	UNUSED
pow_ON_io	'0'	OFF		pow_ON_io	'0'	OFF
oe_ibuf	'1'	ON		oe_ibuf	'1'	ON
in_obuf	'0'	OFF		in_obuf	'VIN'	Venant du WAFERNET
out_ibuf	'VIN'	VERS LE WAFERNET		out_ibuf	'0'	OFF

Nanopad state : State 2				Nanopad state : State 2		
Register	state (n downto 0)	Commentaires		Register	state (n downto 0)	Commentaires
config_state	"01"	Régulation		config_state	"01"	Régulation
config_na_wt_tpt	"10"	OFF		config_na_wt_tpt	"10"	OFF
pow_ON_3v3	'1'	UNUSED		pow_ON_3v3	'1'	UNUSED
pow_ON_io	'1'	OFF		pow_ON_io	'1'	OFF
oe_ibuf	'0'	OFF		oe_ibuf	'0'	OFF
in_obuf	'0'	OFF		in_obuf	'0'	OFF
out_ibuf	'0'	OFF		out_ibuf	'0'	OFF

Nanopads state			Nanopads state	
Nanopad #	State		Nanopad #	State
0	STATE2		0	STATE2
1	STATE1		1	STATE1
2	STATE1		2	STATE1
3	STATE2		3	STATE2
4	STATE1		4	STATE2
5	STATE2		5	STATE2
6	STATE2		6	STATE2
7	STATE2		7	STATE2
8	STATE1		8	STATE2
9	STATE2		9	STATE2
10	STATE2		10	STATE2
11	STATE2		11	STATE2
12	STATE2		12	STATE2
13	STATE2		13	STATE2
14	state2		14	state2
15	STATE2		15	STATE2

Figure II.6 Valeurs à appliquer sur les entrées du testchip pour programmer la cellule (0,0) en entrée et les cellules (0,1)(0,2) en mode sortie numérique de 1.0V.

Exemple

| Testcase NLM7 | MODE IO |
| Applied to cells : | (0,0) |

Power Master Stage

Register	state (n downto 0)	Commentaires
pow_ON_master	'1'	ON
config_level	"000100"	1.5V sur l'IO de sortie

Nanopad state : State 1

Register	state (n downto 0)	Commentaires
config_state	"01"	Régulation
config_na_wt_tpt	"10"	OFF
pow_ON_3v3	'0'	UNUSED
pow_ON_io	'0'	OFF
oe_ibuf	'1'	ON
in_obuf	'0'	OFF
out_ibuf	'VIN'	VERS LE WAFERNET

Nanopad state : State 2

Register	state (n downto 0)	Commentaires
config_state	"01"	Régulation
config_na_wt_tpt	"10"	OFF
pow_ON_3v3	'1'	UNUSED
pow_ON_io	'1'	OFF
oe_ibuf	'0'	OFF
in_obuf	'0'	OFF
out_ibuf	'0'	OFF

Nanopads state

Nanopad #	State
0	STATE2
1	STATE1
2	STATE1
3	STATE2
4	STATE1
5	STATE2
6	STATE2
7	STATE2
8	STATE1
9	STATE2
10	STATE2
11	STATE2
12	STATE2
13	STATE2
14	state2
15	STATE2

| Applied to cells : | (0,1),(0,2) |

Power Master Stage

Register	state (n downto 0)	Commentaires
pow_ON_master	'1'	ON
config_level	"000100"	1.5V sur l'IO de sortie

Nanopad state : State 1

Register	state (n downto 0)	Commentaires
config_state	"01"	Régulation
config_na_wt_tpt	"10"	OFF
pow_ON_3v3	'0'	UNUSED
pow_ON_io	'0'	OFF
oe_ibuf	'1'	ON
in_obuf	'VIN'	Venant du WAFERNET
out_ibuf	'0'	OFF

Nanopad state : State 2

Register	state (n downto 0)	Commentaires
config_state	"01"	Régulation
config_na_wt_tpt	"10"	OFF
pow_ON_3v3	'1'	UNUSED
pow_ON_io	'1'	OFF
oe_ibuf	'0'	OFF
in_obuf	'0'	OFF
out_ibuf	'0'	OFF

Nanopads state

Nanopad #	State
0	STATE2
1	STATE1
2	STATE1
3	STATE2
4	STATE2
5	STATE2
6	STATE2
7	STATE2
8	STATE2
9	STATE2
10	STATE2
11	STATE2
12	STATE2
13	STATE2
14	state2
15	STATE2

Figure II.7 Valeurs à appliquer sur les entrées du testchip pour programmer la cellule (0,0) en entrée et les cellules (0,1)(0,2) en mode sortie numérique de 1.5V.

Exemple

Testcase NLM8   MODE IO

Applied to cells :	(0,0)			Applied to cells :	(0,1),(0,2)	

Power Master Stage				Power Master Stage		
Register	state (n downto 0)	Commentaires		Register	state (n downto 0)	Commentaires
pow_ON_master	'1'	ON		pow_ON_master	'1'	ON
config_level	"001000"	1.8V sur l'IO de sortie		config_level	"001000"	1.8V sur l'IO de sortie

Nanopad state : State 1				Nanopad state : State 1		
Register	state (n downto 0)	Commentaires		Register	state (n downto 0)	Commentaires
config_state	"01"	Régulation		config_state	"01"	Régulation
config_na_wt_tpt	"10"	OFF		config_na_wt_tpt	"10"	OFF
pow_ON_3v3	'0'	UNUSED		pow_ON_3v3	'0'	UNUSED
pow_ON_io	'0'	OFF		pow_ON_io	'0'	OFF
oe_ibuf	'1'	ON		oe_ibuf	'1'	ON
in_obuf	'0'	OFF		in_obuf	'VIN'	Venant du WAFERNET
out_ibuf	'VIN'	VERS LE WAFERNET		out_ibuf	'0'	OFF

Nanopad state : State 2				Nanopad state : State 2		
Register	state (n downto 0)	Commentaires		Register	state (n downto 0)	Commentaires
config_state	"01"	Régulation		config_state	"01"	Régulation
config_na_wt_tpt	"10"	OFF		config_na_wt_tpt	"10"	OFF
pow_ON_3v3	'1'	UNUSED		pow_ON_3v3	'1'	UNUSED
pow_ON_io	'1'	OFF		pow_ON_io	'1'	OFF
oe_ibuf	'0'	OFF		oe_ibuf	'0'	OFF
in_obuf	'0'	OFF		in_obuf	'0'	OFF
out_ibuf	'0'	OFF		out_ibuf	'0'	OFF

Nanopads state			Nanopads state	
Nanopad #	State		Nanopad #	State
0	STATE2		0	STATE2
1	STATE1		1	STATE1
2	STATE1		2	STATE1
3	STATE2		3	STATE2
4	STATE1		4	STATE2
5	STATE2		5	STATE2
6	STATE2		6	STATE2
7	STATE2		7	STATE2
8	STATE1		8	STATE2
9	STATE2		9	STATE2
10	STATE2		10	STATE2
11	STATE2		11	STATE2
12	STATE2		12	STATE2
13	STATE2		13	STATE2
14	state2		14	state2
15	STATE2		15	STATE2

Figure II.8 Valeurs à appliquer sur les entrées du testchip pour programmer la cellule (0,0) en entrée et les cellules (0,1)(0,2) en mode sortie numérique de 1.8V.

NLM9	MODE IO	
Applied to cells :	(0,0)	

Power Master Stage

Register	state (n downto 0)	Commentaires
pow_ON_master	'1'	ON
config_level	"010000"	2.0V sur l'IO de sortie

Nanopad state : State 1

Register	state (n downto 0)	Commentaires
config_state	"01"	Régulation
config_na_wt_tpt	"10"	OFF
pow_ON_3v3	'0'	UNUSED
pow_ON_io	'0'	OFF
oe_ibuf	'1'	ON
in_obuf	'0'	OFF
out_ibuf	'VIN'	VERS LE WAFERNET

Nanopad state : State 2

Register	state (n downto 0)	Commentaires
config_state	"01"	Régulation
config_na_wt_tpt	"10"	OFF
pow_ON_3v3	'1'	UNUSED
pow_ON_io	'1'	OFF
oe_ibuf	'0'	OFF
in_obuf	'0'	OFF
out_ibuf	'0'	OFF

Nanopads state

Nanopad #	State
0	STATE2
1	STATE1
2	STATE1
3	STATE2
4	STATE1
5	STATE2
6	STATE2
7	STATE2
8	STATE1
9	STATE2
10	STATE2
11	STATE2
12	STATE2
13	STATE2
14	state2
15	STATE2

Applied to cells :	(0,1),(0,2)

Power Master Stage

Register	state (n downto 0)	Commentaires
pow_ON_master	'1'	ON
config_level	"010000"	2.0V sur l'IO de sortie

Nanopad state : State 1

Register	state (n downto 0)	Commentaires
config_state	"01"	Régulation
config_na_wt_tpt	"10"	OFF
pow_ON_3v3	'0'	UNUSED
pow_ON_io	'0'	OFF
oe_ibuf	'1'	ON
in_obuf	'VIN'	Venant du WAFERNET
out_ibuf	'0'	OFF

Nanopad state : State 2

Register	state (n downto 0)	Commentaires
config_state	"01"	Régulation
config_na_wt_tpt	"10"	OFF
pow_ON_3v3	'1'	UNUSED
pow_ON_io	'1'	OFF
oe_ibuf	'0'	OFF
in_obuf	'0'	OFF
out_ibuf	'0'	OFF

Nanopads state

Nanopad #	State
0	STATE2
1	STATE1
2	STATE1
3	STATE2
4	STATE2
5	STATE2
6	STATE2
7	STATE2
8	STATE2
9	STATE2
10	STATE2
11	STATE2
12	STATE2
13	STATE2
14	state2
15	STATE2

Figure II.9   Valeurs à appliquer sur les entrées du testchip pour programmer la cellule (0,0) en entrée et les cellules (0,1)(0,2) en mode sortie numérique de 2.0V.

Exemple

Testcase NLM10	MODE IO				Applied to cells :	(0,1),(0,2)	
Applied to cells :	(0,0)						

Power Master Stage					Power Master Stage		
Register	state (n downto 0)	Commentaires			Register	state (n downto 0)	Commentaires
pow_ON_master	'1'	ON			pow_ON_master	'1'	ON
config_level	"100000"	2.5V sur l'IO de sortie			config_level	"100000"	2.5V sur l'IO de sortie

Nanopad state : State 1					Nanopad state : State 1		
Register	state (n downto 0)	Commentaires			Register	state (n downto 0)	Commentaires
config_state	"01"	Régulation			config_state	"01"	Régulation
config_na_wt_tpt	"10"	OFF			config_na_wt_tpt	"10"	OFF
pow_ON_3v3	'0'	UNUSED			pow_ON_3v3	'0'	UNUSED
pow_ON_io	'0'	OFF			pow_ON_io	'0'	OFF
oe_ibuf	'1'	ON			oe_ibuf	'1'	ON
in_obuf	'0'	OFF			in_obuf	'VIN'	Venant du WAFERNET
out_ibuf	'VIN'	VERS LE WAFERNET			out_ibuf	'0'	OFF

Nanopad state : State 2					Nanopad state : State 2		
Register	state (n downto 0)	Commentaires			Register	state (n downto 0)	Commentaires
config_state	"01"	Régulation			config_state	"01"	Régulation
config_na_wt_tpt	"10"	OFF			config_na_wt_tpt	"10"	OFF
pow_ON_3v3	'1'	UNUSED			pow_ON_3v3	'1'	UNUSED
pow_ON_io	'1'	OFF			pow_ON_io	'1'	OFF
oe_ibuf	'0'	OFF			oe_ibuf	'0'	OFF
in_obuf	'0'	OFF			in_obuf	'0'	OFF
out_ibuf	'0'	OFF			out_ibuf	'0'	OFF

Nanopads state					Nanopads state	
Nanopad #	State				Nanopad #	State
0	STATE2				0	STATE2
1	STATE1				1	STATE1
2	STATE1				2	STATE1
3	STATE2				3	STATE2
4	STATE1				4	STATE2
5	STATE2				5	STATE2
6	STATE2				6	STATE2
7	STATE2				7	STATE2
8	STATE1				8	STATE2
9	STATE2				9	STATE2
10	STATE2				10	STATE2
11	STATE2				11	STATE2
12	STATE2				12	STATE2
13	STATE2				13	STATE2
14	state2				14	state2
15	STATE2				15	STATE2

Figure II.10 Valeurs à appliquer sur les entrées du testchip pour programmer la cellule (0,0) en entrée et les cellules (0,1)(0,2) en mode sortie numérique de 2.5V.

Exemple

| Testcase NLM20 | DÉTECTION DE CONTACT | | | | DÉTECTION DE CONTACT | |
| Applied to cells : | (0,7) | | | Applied to cells : | (3,7) | |

Power Master Stage				Power Master Stage		
Register	state (n downto 0)	Commentaires		Register	state (n downto 0)	Commentaires
pow_ON_master	`1`	OFF		pow_ON_master	`1`	OFF
config_level	"000000"	OFF		config_level	"000000"	OFF

Nanopad state : State 1				Nanopad state : State 1		
Register	state (n downto 0)	Commentaires		Register	state (n downto 0)	Commentaires
config_state	"01"	Régulation		config_state	"01"	Régulation
config_na_wt_tpt	"00"	ON (weak pull-up)		config_na_wt_tpt	"11"	ON (strong pull-down)
pow_ON_3v3	'0'	UNUSED		pow_ON_3v3	'0'	UNUSED
pow_ON_io	'1'	OFF		pow_ON_io	'1'	OFF
oe_ibuf	'0'	OFF		oe_ibuf	'0'	OFF
in_obuf	'0'	OFF		in_obuf	'0'	OFF
out_ibuf	'0'	OFF		out_ibuf	'0'	OFF

Nanopad state : State 2				Nanopad state : State 2		
Register	state (n downto 0)	Commentaires		Register	state (n downto 0)	Commentaires
config_state	"01"	Régulation		config_state	"01"	Régulation
config_na_wt_tpt	"01"	OFF		config_na_wt_tpt	"01"	OFF
pow_ON_3v3	'0'	UNUSED		pow_ON_3v3	'0'	UNUSED
pow_ON_io	'1'	OFF		pow_ON_io	'1'	OFF
oe_ibuf	'0'	OFF		oe_ibuf	'0'	OFF
in_obuf	'0'	OFF		in_obuf	'0'	OFF
out_ibuf	'0'	OFF		out_ibuf	'0'	OFF

N.B JE DOIS POUVOIRE RÉCUPÉRER ET VOIR NA_RD_TPT   N.B JE DOIS POUVOIRE RÉCUPÉRER ET VOIR NA_RD_TPT

Nanopads state			Nanopads state	
Nanopad #	State		Nanopad #	State
0	STATE2		0	STATE2
1	STATE2		1	STATE2
2	STATE2		2	STATE2
3	STATE2		3	STATE2
4	STATE2		4	STATE2
5	STATE2		5	STATE2
6	STATE2		6	STATE2
7	STATE1		7	STATE1
8	STATE2		8	STATE2
9	STATE2		9	STATE2
10	STATE2		10	STATE2
11	STATE1		11	STATE1
12	STATE2		12	STATE2
13	STATE2		13	STATE2
14	STATE2		14	STATE2
15	STATE2		15	STATE2

Figure II.11 Valeurs à appliquer sur les entrées du testchip pour programmer la cellule (0,7) en « weak pull-up » et la cellule (3,7) en « strong pull-down » pour effectuer un test de détection de contact.

www.ingramcontent.com/pod-product-compliance
Lightning Source LLC
Chambersburg PA
CBHW021113210326
41598CB00017B/1426